Für Dich

Die Deutsche Nationalbibliothek verzeichnet diese Publikation in der Deutschen Nationalbibliografie; detaillierte bibliografische Daten sind im Internet über www.dnb.de abrufbar.

24/7–Zeitmanagement: Das Zeitmanagement-Buch für alle, die keine Zeit haben, ein Zeitmanagement-Buch zu lesen (Prinzipien, Methoden und Beispiele für schnelle Erfolge und nachhaltige Verbesserungen) von Tim Reichel

Studienscheiss UG (haftungsbeschränkt)
Oppenhoffallee 143, 52066 Aachen
kontakt@studienscheiss.de
Geschäftsführer: Dr. Tim Reichel, M.Sc.
Registergericht: Amtsgericht Aachen
Registernummer: HRB 19105
USt-IdNr.: DE295455486

5. Auflage, Juli 2022

© 2019-2022 Studienscheiss Verlag, Aachen

ISBN: 978-3-946943-30-3 Print (Softcover)
ISBN: 978-3-946943-31-0 E-Book (PDF)
ISBN: 978-3-946943-32-7 E-Book (EPUB)
ISBN: 978-3-946943-34-1 E-Book (MOBI)
ISBN: 978-3-946943-33-4 Audio (Hörbuch)

Layout und Satz: Tim Reichel, Aachen
Umschlaggestaltung: Melanie Schwarz, Aachen
Lektorat: Priya Linke, Barcelona
Korrektorat: Sara Dörwald, Dortmund
Foto: Sajoscha Blinn, Bottrop
Herstellung: CPI, Ulm
Printed in Germany

www.studienscheiss.de

TIM REICHEL

24/7-Zeitmanagement

Inhalt

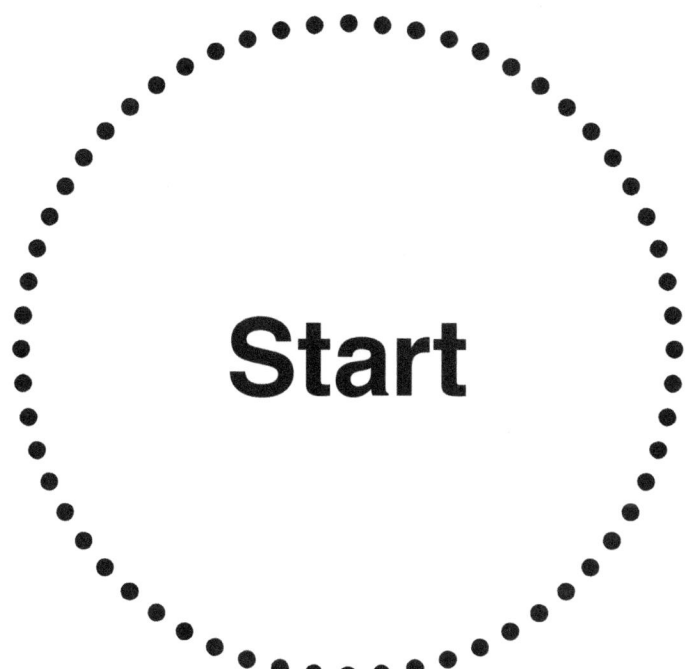

Start

Keine Zeit für Zeitmanagement

24/7 – 24 Stunden, 7 Tage die Woche schlagen wir uns durch unser Leben. Job, Familie, Freunde, Hobbys. Gelegentlich etwas Sport oder ein besonderes Event für das gute Gefühl zwischendurch. Manchmal zieht ein bedeutender Moment vorbei; hin und wieder steigen wir eine Stufe auf oder durchschreiten ein kleines Tal. Insgesamt wird es dir aber wie dem Rest der Menschheit gehen: Du bist ziemlich beschäftigt damit, deinen Alltag auf die Reihe zu bekommen. Deine täglichen Aufgaben müssen erledigt werden, Verpflichtungen warten auf dich und ständig siehst du dich mit neuen Herausforderungen konfrontiert. Zeit zum Durchschnaufen gibt es selten. In der Regel sogar gar nicht. Natürlich hast du Wünsche, Träume, Ideen – aber wann sollst du dich darum kümmern? Die nächste Rechnung muss schließlich bezahlt werden und die Wand in der Küche streicht sich auch nicht von allein.

Und so plätschert es dahin: dein Leben.

Schade, oder?

Verdammt schade sogar! Aber woran liegt es? Eigentlich weißt du es ganz genau. Du weißt, warum du häufig gestresst bist und schlecht schlafen kannst. Du weißt, warum deine To-do-Liste aus allen Nähten platzt und dein Kalender schon seit geraumer Zeit überläuft. Du hast nicht nur eine dumpfe Ahnung – du kennst die Lösung: Dein Zeitmanagement ist schlecht. Falls man das, was du täglich fabrizierst, überhaupt als Zeitmanagement bezeichnen kann. Im Prinzip kennst du den Ausweg und würdest gerne etwas an deiner Situation ändern, aber dazu fehlt dir ironischerweise die Zeit.

Du hast keine Zeit für Zeitmanagement.

Ich kann dich jedoch beruhigen: Du bist damit nicht allein. Wir alle haben wenig Zeit. Doch einige von uns nutzen diese wenige Zeit einfach besser als andere. Diese Menschen haben wie durch Zauberhand größeren Erfolg im Beruf, mehr Freizeit und ein glücklicheres Leben. Alles gleichzeitig. Sie schaffen mehr als der Rest und sind dabei so entspannt wie nach einem dreiwöchigen Karibikurlaub. Willst du auch dazu gehören? Dann lass uns mal nachsehen, was nebenan im Wald los ist:

Ein Spaziergänger geht durch den Wald und entdeckt einen Holzfäller, der einen riesigen Haufen Holz hackt. Doch der Holzfäller kommt nur sehr schleppend voran. Er müht sich ab, weil seine Axt stumpf ist und braucht wahnsinnig lange für jedes Holzstück. Der Spaziergänger fragt den Mann, warum er denn nicht zuerst seine Axt schärfe. Der Holzfäller deutet erschöpft auf den Stapel, der noch vor ihm liegt und antwortet: „Keine Zeit – es ist zu viel zu tun, ich muss Holz hacken."

Abgesehen davon, dass man gestresste Menschen, die im Besitz einer Axt sind, nicht mit oberklugen Fragen nerven sollte, zeigt diese bekannte Metapher: Wenn du mit einer knappen Ressource umgehen musst, lohnt es sich, deren Einsatz zu optimieren. Dabei spielt es keine Rolle, ob es sich um Zeit, Geld oder eine Axt handelt. Um im Leben weiterzukommen und deine Fähigkeiten zu verbessern, musst du in dich selbst und deine Werkzeuge investieren. Bist du nicht dazu bereit, kommst du nicht vom Fleck und wirst niemals dein volles Potenzial ausschöpfen.

Was macht also ein guter Holzfäller, wenn er zehn Stunden Zeit zum Holzhacken hat? Er schärft neun Stunden lang seine Axt. Erst danach macht er sich ans Holzhacken. Das bedeutet für dich: Wenn du produktiv arbeiten und glücklich leben möchtest, solltest du an deiner Technik feilen. Wenn du zu wenig Zeit hast und dich gestresst fühlst, solltest du einen Teil deiner Zeit dazu einsetzen, effizienter mit selbiger umzugehen. Du musst dein Zeitmanagement verbessern – erst danach wirst du mehr Zeit für die schönen Dinge im Leben haben.

Dieses Buch wird dir genau dabei helfen.

24+7 Zeitretter

Vor dir liegt nicht irgendein 08/15-Ratgeber, in dem die immer gleichen Phrasen gebetsmühlenartig wiederholt werden. Dafür hast du keine Zeit. Du brauchst schnelle Lösungen, die du sofort anwenden kannst. Am besten noch mit nachhaltigen Ansätzen, damit sich dein Zeitmanagement dauerhaft verbessert.

Genau solch ein Buch habe ich für dich geschrieben.

Es ist ein Zeitmanagement-Buch für alle, die keine Zeit haben, ein Zeitmanagement-Buch zu lesen. Klingt komisch, ist aber ernstgemeint. Denn die meisten Bücher, die sich mit diesem Thema auseinandersetzen, haben einen schwerwiegenden Konstruktionsfehler: Sie sind ineffizient. Diese Bücher haben häufig keine klare Struktur, sind voll von unbrauchbaren Ausschweifungen und bringen die wichtigen Dinge nicht auf den Punkt. Die wertvollen Inhalte musst du dir in mühevoller Kleinarbeit selbst erarbeiten und dann auch noch herausfinden, wie du sie in deiner persönlichen Situation anwenden kannst. Das ist alles, aber nicht zeitsparend.

Hier bekommst du das, was du wirklich brauchst: 24 konkrete Methoden und 7 nachhaltige Prinzipien, mit deren Hilfe du dein Zeitmanagement sofort verbessern kannst und gleichzeitig langfristige Effekte für dein Leben erzielst. Dazu habe ich so gut wie jedes Zeitmanagement-Buch aus dem deutsch- und englischsprachigen Raum gelesen, analysiert und dessen Quintessenz herausgearbeitet. Daraus ist dieses Buch entstanden. Es beinhaltet die zentralen Prinzipien, auf denen ein erfolgreiches Zeitmanagement basiert. Dies sind fundamentale Konzepte, die schon seit hunderten von Jahren angewendet werden und Millionen von Menschen geholfen haben. Berücksichtigst du diese Prinzipien in deinem täglichen Leben, werden sich deine Einstellung, Arbeitsweise und Zeitbewertung grundlegend ändern – und zwar dauerhaft. Daneben zeige ich dir 24 Methoden, mit deren Einsatz du dein Zeitmanagement sofort verbessern kannst. Es sind die bekanntesten und wirkungsvollsten Techniken, die es zum aktuellen Zeitpunkt gibt. Einige davon zählen zu den Klassikern; andere sind so modern, dass sie auf Ergebnisse aktueller Studien zurückgreifen und dir damit einen methodischen Wissensvorsprung verschaffen. Doch du bekommst von mir keine Theorie, sondern nur konkrete Maßnahmen, die du Schritt für Schritt befolgen kannst. Zusammen sind dies deine 24+7 Zeitretter, die dir in kurzer Zeit maximalen Nutzen bringen werden. Du kannst sie schnell und einfach nachlesen und den entsprechenden Anleitungen folgen. Ohne viel Aufwand, Überwindung oder zeitintensive Nacharbeit.

Doch warum solltest du mir glauben?

Weil ich der Beweis dafür bin, dass Zeitmanagement funktionieren kann. Ich habe mich nicht nur beruflich jahrelang mit diversen Zeit- und Selbstmanagement-Methoden befasst – ich wende sie täglich selbst an und weiß daher, wie wertvoll diese Techniken sind. Nur dank eines pragmatischen Zeitmanagements konnte ich neben meiner Arbeit als Wissenschaftler zwei Unternehmen gründen, über zehn Bücher schreiben, eine Doktorarbeit verfassen und meinem ehrenamtlichen Engagement nachgehen – ohne dabei mein Privatleben oder meine Gesundheit zu zerstören. Ich pflege fantastische Freundschaften, habe Zeit für meine Familie, mache regelmäßig Urlaub und finde in meinem Kalender immer noch Platz für lustige Hobbys. Gut, vielleicht könnte ich mich etwas häufiger bewegen, aber lass uns nicht kleinlich sein.

Was ich sagen will: Ich weiß, wie Zeitmanagement funktioniert. Auch dann, wenn man eigentlich keine Zeit dafür hat oder im Kopf mit anderen Dingen beschäftigt ist. Mit den richtigen Strategien ist es trotzdem möglich. In diesem Buch gebe ich mein Wissen an dich weiter. Mehr noch: Ich zeige dir, wie du dir selbst ein erfolgreiches und stressfreies System zurechtlegen kannst, damit du deine Zeit besser einteilen, geschickter nutzen und mit schöneren Dingen füllen kannst.

Wie dir dieses Buch helfen wird

Zeitmanagement ist nicht langweilig oder kompliziert. Wenn du die Sache richtig angehst, macht es Spaß und wirkt wie ein ganz natürlicher Rhythmus, der dich zuverlässig durch dein Leben steuert. Selbst dann, wenn du bisher noch keine oder nur wenige Erfahrungen mit Selbstorganisation gemacht hast, wirst du mit einer klugen Strategie schnell Fortschritte erzielen. Egal, ob du noch zur Schule gehst, studierst, Berufseinsteiger bist oder mitten im Leben stehst: Du hast immer die Möglichkeit, dein Zeitmanagement zu optimieren – und dieses Buch wird dir dabei helfen.

Um genau zu sein, zeige ich dir in diesem Buch, wie du dein Zeitmanagement von Grund auf verbessern kannst. Du wirst lernen, wie du deinen Alltag organisieren kannst, sodass du insgesamt weniger Zeit mit Arbeit verbringst, aber trotzdem erfolgreicher wirst als jemals zuvor. Dadurch holst du dir die Kontrolle über dein Leben zurück, reduzierst deinen Stress und hast am Ende mehr Freizeit auf einem höheren Qualitätslevel.

Klingt zu schön, um wahr zu sein, oder?

Die Sache hat nur einen Haken: Du musst dafür arbeiten. Wenn du dieses Buch nur liest und anschließend gemütlich die Hände in den Schoß legst, wird nicht viel passieren. Gar nichts, um genau zu sein. Ich möchte nicht, dass du die Ratschläge liest, zweimal nickst und dann so weitermachst wie bisher. Ich wünsche mir für dich, dass du dein Leben anpackst und positiv veränderst; ich möchte, dass du dich nicht unterkriegen lässt, sondern wächst und erfolgreich bleibst oder wirst. Die Tipps aus diesem Buch funktionieren nur dann, wenn du selbst aktiv wirst. Du musst handeln und das Gelesene in die Tat umsetzen. Eine ausgeglichene und flexible Work-Life-Balance gibt es nämlich nicht zum Nulltarif – du musst etwas dafür tun. Den Weg dorthin habe ich dir allerdings so einfach wie möglich gemacht.

Dazu habe ich dieses Buch in zwei Teile aufgeteilt. Im ersten Teil zeige ich dir die sieben zentralen Prinzipien des Zeitmanagements und erkläre dir, wie du sie in dein Leben integrieren kannst. Im zweiten Teil stelle ich dir dazu 24 konkrete Zeitmanagement-Methoden vor, mit deren Hilfe du die Prinzipien mit Leben füllen kannst.

Das sind die sieben Prinzipien:

- ✔ Ziele festlegen
- ✔ Prioritäten setzen
- ✔ Pläne aufstellen
- ✔ Fokus erzeugen
- ✔ Effizient arbeiten
- ✔ Gewohnheiten aufbauen
- ✔ Niemals aufgeben

Damit das Ganze nicht so trocken bleibt, bekommst du bei jeder Gelegenheit Beispiele und Best-Practice-Anleitungen für eine unkomplizierte Anwendung.

Die 24 Methoden habe ich nach einem anderen Muster aufgebaut, damit du noch schneller zum Ziel kommst. Dazu ist jede Zeitmanagement-Technik auf vier Seiten komprimiert dargestellt und in diese Abschnitte gegliedert:

🚩 In einem Satz

Zusammenfassung der vorgestellten Zeitmanagement-Methode in einem einzigen Satz, damit du sofort weißt, worum es geht und was dich erwartet.

🏆 So geht's

Prägnante Beschreibung der Zeitmanagement-Methodik auf weniger als zwei Seiten für ein schnelles Verständnis – ohne Ausschweifungen und unnötige Erläuterungen.

✿ Anleitung

Aktionspläne und Schritt-für-Schritt-Erklärungen, wie du die entsprechende Zeitmanagement-Technik sofort umsetzen kannst.

★ Beispiel

Passende Beispiele aus deinem Alltag, die die jeweilige Zeitmanagement-Methode aufgreifen und dir zeigen, wie das zuvor Beschriebene praktisch funktioniert.

✎ Aufgabe

Konkrete Aufgaben und motivierende Handlungsaufforderungen für dich, damit du die neuen Methoden direkt ausprobieren und anwenden kannst.

Generell habe ich versucht, lange Umschreibungen und überladene Textpassagen wegzulassen. So etwas ist langweilig und bremst nur deinen Lesefluss. Ich habe mich stattdessen auf die Kerngedanken konzentriert und diese kurz und knapp dargestellt. So kannst du direkt loslegen und dieses Buch optimal für dich nutzen.

Zusätzlich habe ich passende, interaktive Arbeitsblätter erstellt und darin einige Bonusinhalte für dich gesammelt, die dir die Arbeit mit diesem Buch erleichtern werden. Diese Sammlung enthält Zusatzinformationen, unterstützendes Material und vieles mehr. Dieses Arbeitsbuch schenke ich dir. Auf der nächsten und auf der letzten Seite dieses Buches findest du einen Link, über den du an diese Inhalte kommst. Du gelangst dort auf meine Webseite und kannst dich für den entsprechenden Verteiler anmelden – natürlich kostenlos. Meine Empfehlung: Hol dir die Bonusinhalte so früh wie möglich, damit du die Methoden aus diesem Buch schnell ausprobieren und in die Tat umsetzen kannst. Damit sollte deinem Erfolg nichts mehr im Weg stehen.

Und jetzt: Lass uns anfangen!

Hol dir hier das Bonusmaterial ab:

www.studienscheiss.de/24-7-geschenk

Prinzipien

Prinzipien für dein Zeitmanagement

In diesem Kapitel zeige ich dir sieben zentrale Prinzipien, auf denen erfolgreiches Zeitmanagement basiert. Es sind zeitlose Konzepte, die seit hunderten von Jahren eingesetzt werden und von den größten Persönlichkeiten der Menschheitsgeschichte befolgt wurden. In jedem Buch, Seminar oder Videokurs zu diesem Thema sind diese sieben Prinzipien zu finden. Daher musst du sie kennen – und befolgen. Wenn es geht täglich, denn nur so kannst du deine zeitlichen Engpässe dauerhaft in den Griff bekommen und dir ein erfüllteres Leben aufbauen. Bevor es aber ans Eingemachte geht, habe ich noch fünf Empfehlungen für dich.

1. Wähle die richtige Dosis!

Die sieben Prinzipien des Zeitmanagements haben nur einen Zweck: Sie sollen dein Leben besser machen. Die Prinzipien können dir dabei helfen, den Blick auf die wichtigen Dinge im Leben zu richten und im stressigen Alltag kluge Entscheidungen zu treffen. Das bedeutet auch: Hin und wieder kann es unangenehm sein, wenn du dich konsequent an diesen Richtlinien orientierst – besonders am Anfang. Doch die Prinzipien sind keine Unterdrückungswerkzeuge, unter deren Einsatz du dich selbst maßregeln und deine Zeit bis zur Erschöpfung durchtakten sollst. Setze sie mit Fingerspitzengefühl ein und übertreibe es nicht. Nur so kannst du ihre volle Kraft entfachen.

2. Lass dich nicht verunsichern!

Die Zeitmanagement-Prinzipien in diesem Buch habe ich persönlich für dich zusammengestellt und beschrieben. Es ist gut möglich, dass du einige Prinzipien schon unter anderem Namen kennst oder bereits von ihnen gehört hast. Wie gesagt: Diese Strategien sind zeitlos und werden noch im Jahr 3000 von Bedeutung sein. Hier findest du die Essenz aus zahlreichen Studien, Ratgebern und Kursinhalten, die ich für dich so aufbereitet habe, dass du in kurzer Zeit so viele Informationen wie möglich aufnehmen, verstehen und anwenden kannst.

3. Nimm die Prinzipien ernst!

Du wirst überrascht sein, wie einfach die sieben Prinzipien sind. Erschreckend einfach, um genau zu sein. Das bedeutet aber nicht, dass du sie unterschätzen und deswegen halbherzig ausführen oder gar ignorieren darfst. Die Grundprinzipien eines erfolgreichen Zeitmanagements sind vielen Menschen bekannt: „Natürlich, das weiß ich doch schon längst" ist die Standardreaktion auf viele der folgenden Strategien. Kurioserweise führen genau diese Menschen nichts von dem Beschriebenen aus, sondern verplempern ihre Zeit systematisch mit unwichtigem Kleinkram – und das, obwohl sie angeblich genau Bescheid wissen. Mach du es besser! Nimm die Prinzipien ernst und wende sie entschlossen an.

4. Sei kreativ!

Die sieben Prinzipien sind als übergeordnete Leitsätze für ein erfolgreiches und glückliches Leben zu verstehen. Sie bilden die Eckpfeiler eines ganzheitlichen Zeitmanagements, welches dir die Kraft gibt, Außergewöhnliches zu erreichen. Gleichzeitig schafft es dir Rückzugsräume, sodass du mehr Freizeit hast und diese besser genießen kannst. Das heißt für dich: Sobald du die Prinzipien verstanden hast, musst du sie selbst mit Inhalten füllen und Anwendungsmöglichkeiten finden. Im zweiten Teil dieses Buches wirst du dazu 24 Methoden kennenlernen, bei deren Umsetzung ich dich Schritt für Schritt unterstützen werde.

5. Werde aktiv!

Du musst aktiv werden. Du kannst nicht, du sollst nicht – du musst! Wenn du die folgenden Seiten nur überfliegst und anschließend so weitermachst wie bisher, wird sich nichts an deinem Zeitmanagement verändern. Wende die Prinzipien daher entschlossen an und probiere sie bei jeder sich bietenden Gelegenheit aus. „Regelmäßigkeit" heißt das Zauberwort: Mach dir die sieben Prinzipien zur Gewohnheit und integriere sie in deinen Alltag. Nur dann wirst du dein Leben nachhaltig verbessern. Lass uns direkt mit Prinzip 1 anfangen!

#1 Ziele festlegen

Viele Menschen denken, dass sie Ziele haben. In Wirklichkeit haben sie aber nur ein paar Träume und Wunschvorstellungen, die ihnen durch den Kopf schwirren. Klare Ziele für die Zukunft: Fehlanzeige. Und genau das ist das Problem. Ohne Ziele nutzt auch das beste Zeitmanagement nichts. Denn wie willst du etwas erreichen, von dem du gar nicht genau weißt, was es überhaupt ist?

Richtig, gar nicht.

Sich keine Ziele zu setzen, ist eine der wirkungsvollsten Methoden, um sein ganzes Leben lang unproduktiv und erfolglos zu bleiben. Besser kannst du dich selbst nicht ausbremsen. Dazu eine interessante Studie: Nur etwa drei Prozent aller Menschen haben klare, schriftlich fixierte Ziele. Aber diese drei Prozent schaffen fünf- bis zehnmal mehr als alle anderen zusammen. Und das nur, weil sie ihre Ziele festgelegt und aufgeschrieben haben! Erst klare Ziele helfen dir dabei, herausragende Ergebnisse zu erreichen – und das in allen Lebensbereichen. Denn sobald du weißt, wo du hinmöchtest, kannst du den genauen Weg dorthin festlegen und die richtigen Schritte unternehmen. Sonst nicht.

Ohne Ziele bist du planlos und wirst scheitern, bevor du überhaupt angefangen hast. Erfolgslevel: immer weit unter deinen Möglichkeiten. Und das nimmt dir die Motivation und macht dich langfristig unglücklich. Ohne Ziele gerätst du in eine Negativspirale, die sich immer weiter abwärts dreht. Damit das nicht passiert, musst du dir darüber klar werden, was genau du erreichen möchtest und deine Zielvorstellungen clever festlegen. Dadurch bekommst du Orientierung im hektischen Alltag, schaffst sofort mehr Struktur in deinem Leben und konzentrierst dich endlich auf das Wesentliche.

Übrigens: „Erfolgreich sein und mehr Zeit haben" ist zwar ein vernünftiger Vorsatz und eine schöne Zukunftsvision – als Ziel ist diese Aussage aber völlig ungeeignet. Warum? Zu undeutlich, unverbindlich, kein zeitlicher Bezug. Das macht unterm Strich: Wischiwaschi hoch drei. Nur vernebelte Lippenbekenntnisse. Und wozu Nebel bei der Zielsetzung führen kann, zeigt die folgende Geschichte:

4. Juli 1952, kurz nach Sonnenaufgang.

Vor der Insel Catalina, westlich der kalifornischen Küste, steigt eine 34-jährige Frau ins Wasser. Ihr Name ist Florence Chadwick. Und Florence hat heute Großes vor: Als erste Frau der Welt will sie die Strecke von ca. 30 Kilometern bis zum Festland schwimmen. Das Wasser ist eiskalt und der Nebel so dicht, dass sie kaum die Begleitboote sehen kann.

Doch die junge Frau ist fest entschlossen. Schließlich war sie es, die als erste Frau den Ärmelkanal in beiden Richtungen durchschwommen hatte. Millionen Zuschauer verfolgen den Weltrekordversuch über die nationalen Fernsehsender und sehen, wie Florence Fahrt aufnimmt. Mehrmals müssen Haie mit Gewehren vertrieben werden, um die Strecke zu sichern. Müdigkeit und Kälte machen ihr zu schaffen, aber sie hält durch – 15 Stunden lang. Dann gibt sie auf.

Zitternd und steif vor Kälte bittet Florence ihre Begleiter, sie aus dem Wasser zu holen. Ihre Mutter und ihr Trainer, die im Boot neben ihr herfahren, rufen ihr zwar zu, dass die Küste schon ganz nah sei, aber als sie hinüberschaut und nichts als den dichten Nebel sieht, gibt sie resigniert auf. Als sie sich kurze Zeit später im Boot erkundigt, wie weit sie vom Ziel entfernt sei, kommt der Schock: Keine 800 Meter haben ihr gefehlt. Nur eine halbe Meile vor der kalifornischen Küste hat sie aufgegeben und ist aus dem Wasser gezogen worden. Später fragte sie ein Reporter: „Miss Chadwick, was hat Sie davon abgehalten, diese letzte halbe Meile zu schwimmen?"

„Es war der Nebel", antwortete sie. „Wenn ich das Land hätte sehen können, hätte ich es geschafft..."

Die Geschichte von Florence Chadwick zeigt auf tragische Weise, wie wichtig Ziele sind. Wenige Minuten vor ihrem größten Triumph gab sie auf, weil sie ihr Ziel aus den Augen verloren hatte.

Wenn du deine Ziele nicht klar im Blick hast, wird jede Herausforderung in deinem Leben zu einer vernebelten Irrfahrt. Du weißt nicht, wie weit du gekommen bist, was noch vor dir liegt und welche Möglichkeiten in deiner Umgebung auf dich warten. Völlig orientierungslos treibst du umher. Und: Ohne klare Zielvorstellungen fehlt dir die Motivation, in schweren Zeiten weiterzumachen und über dich hinauszuwachsen. Erst, wenn du einen Fixpunkt bestimmt hast, auf den du genau zusteuern kannst, wirst du dein volles Potenzial ausschöpfen, deine beste Leistung bringen und letztendlich glücklich werden.

Das Beste an Zielen ist: Du kannst sie dir selbst aussuchen. Dazu müssen deine Ziele nur ein paar wichtige Eckpunkte haben: Sie müssen klar, eindeutig, verbindlich und zeitlich gebunden sein. Diese Fragen können dir dabei helfen, deine Ziele zu finden:

- ✔ Welchen Zustand möchte ich genau erreichen?
- ✔ Wie sieht das gewünschte Ergebnis im Detail aus?
- ✔ Wie lässt sich mein Ziel von anderen abgrenzen?
- ✔ Wie ist mein Ziel eindeutig messbar?
- ✔ Wann möchte ich mein Ziel erreichen?

Deine Ziele sollten so konkret wie möglich festgelegt werden. Und das am besten schriftlich, damit sie eine noch größere Verbindlichkeit auf dich ausstrahlen. Dabei gilt: Je genauer du dir deinen gewünschten Endzustand vorstellen kannst, desto stärker wirken deine Ziele auf deine Motivation.

#2 Prioritäten setzen

Sobald du über deine Ziele nachgedacht und eine erste Auswahl innerhalb deiner wichtigsten Lebensbereiche festgelegt hast, wirst du schnell
bemerken: „Das ist ganz schön viel! Wie soll ich das alles schaffen? Wie
soll ich heute mein Arbeitspensum erfüllen, zusätzlich ein Buch lesen,
die Weiterbildungsmaßnahme absolvieren und auch noch meinem Kollegen helfen? Ich möchte ja schließlich später noch meine Freunde sehen, mich um meine Familie kümmern, einkaufen und zum Sport. Wie
soll das gehen?!"

Die Antwort darauf ist einfach und frustrierend zugleich: gar nicht. Du
kannst nicht alles schaffen. Wir haben nie genug Zeit, um all das zu
erledigen, was wir erledigen möchten. Wir schaffen nicht einmal das,
was wir strenggenommen schaffen müssten. Die Arbeit überschwemmt
uns förmlich. Täglich kommen neue persönliche Ziele dazu und fordern
ihren Platz in unserem Kalender ein. Von den ganzen ungeplanten Dingen, die spontan erledigt werden müssen, ganz zu schweigen. Damit
dich diese Arbeitslawine nicht überrollt, musst du eine kluge Vorauswahl treffen. Du musst Prioritäten setzen; abwägen, welche der geplanten Aktivitäten zuerst kommt und was nach hinten verschoben werden
kann. Was ist wichtig – was ist (erstmal) unwichtig? Das Schwierige
daran ist: In deinem Leben hast du jeden Tag unendlich viele neue
Chancen und Gelegenheiten. In vielen Lebensbereichen hast du eine
halbwegs freie Zeiteinteilung und kannst selbst entscheiden, womit du
dich beschäftigst. Auf der anderen Seite siehst du dich ständig mit neuen
Verpflichtungen konfrontiert.

Aus diesem Grund musst du lernen, Wichtiges von Unwichtigem zu un-
terscheiden. Du musst deine Zeit für die großen Aufgaben in deinem
Leben einsetzen, die dich wirklich weiterbringen und damit aufhören,
Stunde für Stunde mit belanglosen Beschäftigungen zu verschwenden.
Aber wie findest du die richtigen Prioritäten in deinem Leben? Was steht
bei dir an erster Stelle? Und was kommt zum Schluss? Eines ist klar:

Bei der Menge an Aufgaben und Herausforderungen ist die Wahl der richtigen Schwerpunkte gar nicht so einfach. Vielleicht ist der Erfolg im Beruf für dich im Moment das Wichtigste. Möglicherweise gibt es aber auch andere Prioritäten für dich. Wahrscheinlich möchtest du auch Zeit für Hobbys, Freunde und deine Familie haben oder an einem Wunschtraum arbeiten. Das alles unter einen Hut zu bringen, ist eine Kunst. In einer meiner allerersten Vorlesungen erzählte der Professor eine Geschichte. Erst später habe ich herausgefunden, dass es sich dabei um ein bekanntes Gleichnis handelte. Vielleicht hilft es dir dabei, die Prioritäten in deinem Leben besser einordnen zu können.

Der Professor eröffnete die Vorlesung, indem er ein großes leeres Gurkenglas vor sich aufstellte und dieses mit Steinen füllte. Als das Glas voll mit Steinen war, fragte er in die Runde: „Ist das Glas voll?" Meine Kommilitonen und ich nickten geschlossen. Daraufhin nahm der Professor eine Schachtel mit Kieselsteinen aus seiner Tasche, gab sie in das Glas und schüttelte dieses leicht. Die Kieselsteine besetzten die Räume zwischen den größeren Steinen. Und wieder fragte der Professor, ob das Glas voll sei. Wir stimmten erneut zu.

Nun zog der Professor einen Beutel mit Sand aus seiner Jacketttasche und schüttete den Inhalt in das Glas. Der Sand füllte die letzten Zwischenräume aus. „Jetzt ist das Glas gefüllt", bemerkte der Professor und ergänzte: „Zwei Tassen Kaffee bekommen Sie darin aber garantiert noch unter." Er deutete mit einer Geste an, wie er zwei Tassen Kaffee über dem Gurkenglas ausgoss. Alternativ ginge auch Bier, gab er lächelnd zu.

Damit beendete er seine Vorstellung und erklärte uns, was es mit dem Gleichnis auf sich hatte: „Das Glas repräsentiert unser Leben. Die großen Steine sind dabei die allerwichtigsten Bestandteile: Familie, Partner, Freunde, Gesundheit und so weiter. Fielen alle anderen Dinge weg, wäre unser Leben dank dieser Bereiche immer noch erfüllt. Die Kieselsteine stehen für weniger wichtige Dinge, wie zum Beispiel

Beruf, Studium, Finanzen, Wohnung oder Auto. Der Sand symbolisiert die kleinen Dinge im Leben: Haushalt, Routineaufgaben, Termine, Sorgen und so weiter. Wenn man den Sand zuerst in das Glas füllt, bleibt kein Raum für die großen Steine. So ist es auch in unserem Leben: Wenn wir unsere komplette Zeit für die kleinen Dinge aufwenden, haben wir für die großen keine mehr übrig."

Abschließend wandte sich der Professor an uns: „Achten Sie daher auf die wichtigen Dinge in Ihrem Leben. Setzen Sie kluge Prioritäten und nehmen Sie sich Zeit für die Dinge, die Ihnen am Herzen liegen. Es wird noch genug Zeit geben für Arbeit, Haushalt oder Partys. Achten Sie zuerst auf die großen Steine – sie sind es, die wirklich zählen. Der Rest ist nur Sand. Und zum Kaffee: Dieser soll Ihnen zeigen, dass wir immer Zeit für eine Tasse Kaffee mit unseren liebsten Menschen haben – egal, wie stressig der Alltag auch sein mag."

An diesem Beispiel siehst du, wie wichtig die Auswahl der richtigen Prioritäten im Leben ist. Wenn du glücklich, erfolgreich und zufrieden sein möchtest, darfst du dich nicht an Kleinigkeiten aufhalten. Nimm die entscheidenden Aspekte deines Lebens in den Fokus und konzentriere dich auf deine großen Steine. Am besten täglich. Die folgenden Fragen helfen dir dabei:

- ✔ Welche Lebensbereiche sind für mich besonders wichtig?
- ✔ Was erfüllt mein Leben, wenn alles andere wegbrechen würde?
- ✔ Auf welche Dinge könnte ich verzichten?
- ✔ Für welche Menschen würde ich immer Zeit finden?
- ✔ Was oder wer sind meine Steine/Kieselsteine/Sandkörner?

Behalte in deinem stressigen Alltag stets den Überblick und setze deine Energie richtig ein. Frage dich bei jeder Gelegenheit, ob du deine Zeit gerade gut investierst oder sie für Nebensächlichkeiten verschwendest. Unterscheide wichtige Dinge von unwichtigen, setze Prioritäten und verrenne dich nicht.

#3 Pläne aufstellen

Nachdem du dir über deine Ziele und Prioritäten im Klaren bist, kannst du dein Zeitmanagement von Grund auf neu ausrichten. Doch dazu brauchst du zuerst einen Plan. Am besten gleich ein kleines Sortiment davon. Warum? Weil du nur mit Plänen ein selbstbestimmtes Leben führen kannst. Ohne Plan fehlen dir Orientierung und Antrieb bei deinen täglichen Aufgaben. Du lebst und arbeitest dann einfach vor dich hin. Du lässt dich treiben und schaust, welche Dinge im Laufe der Zeit auf dich zukommen. Das Problem dabei ist: Irgendwann verlierst du die Kontrolle. Du rettest dich dann nur noch von Deadline zu Deadline und verpasst einen wichtigen Termin nach dem anderen.

Ohne einen Plan versäumst du schöne Gelegenheiten und bleibst häufig unter deinen Möglichkeiten. Das heißt konkret: Du bist grundsätzlich spät dran, erscheinst unvorbereitet zu beruflichen Besprechungen, verpasst wichtige Abgabetermine und hast regelmäßig Stress im Büro. In deinem Privatleben sieht es nicht besser aus: Du vergisst Geburtstage von Freunden, provozierst Konflikte mit deinem Partner, gerätst in Rückstand bei der Hausarbeit, hast kaum noch Zeit für deine Hobbys und vermasselst die Buchung deines nächsten Urlaubs. Dumm gelaufen, oder? Nein, schlecht geplant! Einen Großteil dieser negativen Ereignisse kannst du mit etwas Planung verhindern. Hinzu kommt: Wenn du jeden Tag im Voraus planst, wirst du es viel leichter finden, mit wichtigen Aufgaben anzufangen und bis zum Schluss weiterzumachen. Du schiebst automatisch weniger Dinge auf und arbeitest fokussierter an deinen Zielen.

Oder mit den Worten von Alan Lakein: „Planung bedeutet, die eigene Zukunft in die Gegenwart zu holen, sodass man schon jetzt an ihr arbeiten kann." Die Frage ist nur: Wie weit soll man in die Zukunft gehen? Wie lange soll man vorausplanen? Am besten so weit wie möglich. Je weiter du in die Zukunft schaust und je genauer du dein Leben planst, desto nachhaltiger und zusammenhängender wird deine Strategie.

Denn wenn du genau weißt, wo du langfristig hinmöchtest, ist es für dich viel einfacher, im Hier und Jetzt konkrete Pläne festzulegen. Deine großen, übergeordneten Ziele hast du somit immer im Blick und kannst deine kurzfristigen Vorhaben daran ausrichten.

Doch Pläne helfen dir nicht nur dabei, fokussierter und zielgerichteter zu leben – dank ihnen kannst du zudem unglaublich viel Zeit sparen. Der Grund dafür ist die 10/90-Regel. Sie besagt: Durch die ersten zehn Prozent der Zeit, die du für deine Planung aufwendest, sparst du ganze neunzig Prozent Zeit, die du brauchst, um die geplante Aufgabe zu erledigen. Mit einem kleinen Mehraufwand an Organisation benötigst du also deutlich weniger Zeit für die eigentliche Fertigstellung der Aufgabe. Trotz zusätzlicher Planungszeit bist du schneller mit allem fertig, da du die Aufgabe – dank deiner Struktur – effizienter durchführen kannst. Wenn du ein wenig Zeit in deine Planung investierst, sparst du 90 Prozent des eigentlichen Aufwands, indem du strategisch handelst und deine Arbeitszeit klug einteilst. Aus diesem Grund trennt ein Plan erfolgreiche von weniger erfolgreichen Menschen. Er macht den Unterschied zwischen mittleren und exorbitant hohen Glücksgefühlen – egal, in welchem Lebensbereich. Ohne Plan bleibst du ständig nur im Mittelmaß, während du mit ein klein wenig Vorausdenken zu den Top-1-Prozent gehören kannst.

Dabei sind Pläne wie Ziele: Sie funktionieren nicht, wenn du sie nur im Kopf hast. Du musst schriftlich planen und alle Ideen, Konzepte und Maßnahmen für deine Zukunft aufschreiben. Erst auf Papier werden aus deinen Ideen übersichtliche Listen, die du verinnerlichen und abarbeiten kannst. Ohne schriftliche Planung verlierst du hingegen schnell die Übersicht, vergisst wichtige Zwischenschritte und kommst durcheinander. Ein schriftlicher Plan spornt dich an und ist verbindlicher als der einfache Gedanke an eine Aufgabe. Wenn du deine Pläne aufschreibst, wirst du sie viel eher in die Tat umsetzen. Gewöhne dir daher an, schriftlich zu planen; ganz klassisch auf Papier. Das mag zwar nur ein kleiner Schritt sein – er hat allerdings großen Einfluss auf deine Erfolgsaussichten.

Deine Gedanken sind jetzt kein verschwommener Wunsch oder irgend-eine Fantasievorstellung mehr, sondern ein verbindliches Ziel. Es ist wie eine offizielle Vereinbarung mit dir selbst. Die Wahrscheinlichkeit, dass du diese Abmachung einhältst, ist viel größer als bei einer sponta-nen Idee, die nur in deinem Kopf herumschwirrt.

Aber Achtung: Deine Pläne dürfen niemals statisch sein und dich da-durch einengen. Damit würdest du dich nur selbst unter Druck setzen und letztendlich blockieren. Plane immer flexibel und reagiere auf un-erwartete Ereignisse oder neue Rahmenbedingungen. Es gibt nichts Schlimmeres als einen veralteten Plan, von dem du schon direkt weißt, dass er dich nicht weiterbringen wird. Dein Planungsprozess muss sich dynamisch an dein Leben anpassen, sollte dir aber trotzdem Halt und Orientierung geben. Darum musst du regelmäßig planen, neue Ideen entwickeln und alte Pläne verwerfen. Bereits der frühere US-Präsident Dwight D. Eisenhower sagte: „Pläne sind unwichtig, aber Planen ist al-les." Und darum solltest du direkt damit anfangen. Die folgenden Fragen helfen dir bei der Planung deiner Ziele:

- ✔ Welche Ziele möchte ich heute erreichen?
- ✔ Welche Ziele habe ich diese Woche/diesen Monat/dieses Jahr?
- ✔ Welche Aufgaben gehören zu den Zielen?
- ✔ Aus welchen Zwischenschritten bestehen die Aufgaben?
- ✔ Wann werde ich die Zwischenschritte erledigen?

Beantworte die Fragen schriftlich und plane damit deine nächsten Schritte. Werde hierbei so konkret wie möglich und plane ab jetzt re-gelmäßig – am besten täglich. Schon nach kurzer Zeit wirst du deutlich mehr Klarheit in deinem Alltag feststellen. Diese Struktur macht dich nicht nur gelassen und produktiv: Sie gibt dir schrittweise die Kontrolle über dein Leben zurück.

#4 Fokus erzeugen

Erfolg – egal, in welchem Bereich – hat nicht sonderlich viel mit Intelligenz zu tun. Es kommt mehr auf die richtige Arbeitsweise und die Einstellung an. Natürlich ist es von Vorteil, wenn du über gewisse kognitive Fähigkeiten verfügst, aber entscheidend ist deine Strategie. Das gilt auch in puncto Zeitmanagement: Es bringt dir nichts, zu den klügsten und talentiertesten Menschen dieser Welt zu gehören, wenn du mit der Abarbeitung deiner To-do-Liste überfordert bist und bei dem kleinsten bisschen Gegenwind wehrlos umfällst. Wenn du produktiv sein möchtest, musst du dich fokussieren. Das bedeutet: Beschäftige dich nicht mit zu vielen Dingen gleichzeitig, sondern konzentriere dich immer nur auf eine einzige konkrete Aufgabe! Deine volle Aufmerksamkeit muss auf die aktuelle Situation gerichtet sein.

Viele Aufgaben und Herausforderungen in deinem Leben sind komplex und wirken auf den ersten Blick abschreckend. Sie lassen sich nicht mal eben nebenbei erledigen. Du musst dich erst in diese Aufgaben hineindenken, sie planen, ausprobieren, von vorne beginnen, recherchieren und so weiter. Wenn du dabei unaufmerksam bist und die Übersicht verlierst, wirst du dich verzetteln – und damit wertvolle Zeit, Energie und Motivation verschwenden. Gewöhne dir daher an, niemals parallel zu arbeiten.

Denke und handle stattdessen in Schritten: Teile große Aufgaben in kleine, überschaubare Schritte ein und erledige dann ganz locker einen Schritt nach dem anderen. Das ist nicht kompliziert oder spießig – es nimmt deinen großen Aufgaben den Schrecken und bringt dich in Schwung. Große, undurchschaubare To-dos blockieren dich. Das führt dazu, dass du keine Lust hast, anzufangen, da du den Wald vor lauter Bäumen nicht siehst. Oder: Du startest zwar, verläufst dich allerdings und gibst nach einiger Zeit auf.

Daher: Denke nur an den nächsten Schritt und kümmere dich ausschließlich um diese eine (Teil-)Aufgabe. Auf diese Weise wirst du dich beständig deinem Ziel nähern, ohne dabei die Orientierung zu verlieren oder unter Dauerstress zu geraten. Erfolgreiche Menschen praktizieren deshalb fast nie Multitasking, sondern fokussieren sich immer nur auf eine Sache. Diese einfache Grundregel ist ein wahrer Produktivitäts-Booster und sorgt dafür, dass du konzentriert bleibst und deine Aufgaben schneller nacheinander erledigen kannst.

Wenn du allerdings ständig überfordert sein möchtest und regelmäßig an deinen Herausforderungen scheitern willst, dann solltest du es mal mit Multitasking versuchen. Multitasking ist der schnellste Weg, um die Motivation zu verlieren, auszubrennen und unglücklich zu werden. Es zerstört deine Produktivität und sorgt dafür, dass du am Ende viele Dinge sehr schlecht erledigen wirst. Durch Multitasking sinkt deine Konzentration und die Qualität deiner Arbeit nimmt ab – und das kostet dich am Ende Zeit. Gewöhn dir daher an, dich immer nur um eine Sache zur gleichen Zeit zu kümmern. Multitasking hat zwar einen positiven Ruf, ist aber gefährlich: Wer zu viel auf einmal anpackt, verspekuliert sich und schafft am Ende deutlich weniger, als jemand, der fokussiert an einer Aufgabe arbeitet.

Doch damit bist du noch nicht am Ziel.

Hast du deinen inneren Fokus erst einmal gefunden, musst du ihn gegen äußere Störungen verteidigen. Dazu ist es gelegentlich sinnvoll, sich von der Außenwelt abzuschotten. Und mit Abschotten ist wirkliches Abschotten gemeint: Gehe in dein Zimmer, Büro oder in einen freien Raum, schließe die Tür hinter dir, schließe das Fenster, ziehe die Gardinen oder Rollläden zu und isoliere dich komplett von deiner Umwelt. Niemand darf dich stören, keine Einflüsse von außen sind erwünscht. Setze Kopfhörer auf, um dich gegen akustische Ablenkungen zu schützen und mache alles, um ungestört zu sein.

Gleiches gilt auf digitaler Ebene. Dank des Internets leben wir zwar in einer Zeit der unbegrenzten Möglichkeiten, allerdings hat das Ganze auch einen Haken: Wir leben in der Zeit der unbegrenzten Ablenkungen. YouTube, WhatsApp und Co. sind in der Rangliste der größten Produktivitätskiller ganz vorne mit dabei. Dein Smartphone und dein Computer halten unendlich viele Informationen für dich bereit und warten nur darauf, dass du deine Arbeit unterbrichst, um die neuesten Neuigkeiten zu checken oder deine Freunde zu stalken. Der einfachste und effektivste Weg, diese Online-Störquellen zu meiden, ist eine kurze, aber konsequente digitale Abschottung. Erteile dir selbst ein Smartphone- und Browser-Verbot oder nutze Apps, die deine Online-Dienste für eine kurze Zeitspanne blockieren – damit diese nicht dich blockieren.

Deine Konzentration ist eine dynamische Größe; sie bleibt über den Tag verteilt nicht auf einem konstanten Niveau, sondern pendelt zwischen Höhen und Tiefen hin und her. Die folgenden Fragen helfen dir dabei, dein Konzentrations-Level regelmäßig zu überprüfen und deinen Fokus wiederzufinden:

- ✔ Was mache ich gerade?
- ✔ Bringt mich das, was ich mache, meinen Zielen näher?
- ✔ Welches ist meine aktuell wichtigste Aufgabe?
- ✔ Warum ist diese Aufgabe wichtig?
- ✔ Was ist der nächste Schritt?

Unterbrich deine Arbeit von Zeit zu Zeit und prüfe, ob du noch fokussiert handelst oder bereits abgedriftet bist. Ablenkungen und Nebensächlichkeiten schleichen sich häufig unbemerkt in deine Abläufe ein und unterwandern damit deine Effektivität. Versuche, genau das zu verhindern und halte deinen Fokus.

#5 Effizient arbeiten

Konzentriertes Handeln ist die Grundlage für produktives Arbeiten, doch der schärfste Fokus hilft dir nicht weiter, sofern du ihn falsch einsetzt. Wenn du zum Beispiel ein wichtiges Projekt abschließen möchtest, aber drei Stunden dafür brauchst, um deine Ordnerbeschriftungen auf den neuesten Stand zu bringen, hat das mit Effizienz nichts zu tun. Mehr noch: Solltest du so weitermachen, kommst du in die Hall of Fame der unproduktivsten Menschen aller Zeiten.

Immerhin bist du dort in guter Gesellschaft, denn viele Menschen beschäftigen sich auf diese Weise: Sie sortieren fleißig ihre Unterlagen, recherchieren, schreiben E-Mails, telefonieren, nehmen an Besprechungen teil oder schauen sich Präsentationen an. Sie tun zwar etwas – aber am Ende bringt ihnen das nichts.

Sie sind beschäftigt, aber nicht produktiv.

Wenn du dich also fragst, warum du nach einem anstrengenden Arbeitstag kaum etwas von deinen wichtigen Aufgaben erledigt hast, dann liegt es vielleicht daran, dass du deine Zeit mit unnötigen Dingen füllst, die dich deinen Zielen nicht näherbringen. Du musst daher effektiv sein und die richtigen Dinge tun. Etwas Unwichtiges wird dadurch, dass man es sehr gut erledigt, nicht zu etwas Wichtigem. Gleichzeitig solltest du die Aufgaben, die für deinen Erfolg wichtig sind, so gut und schnell wie möglich ausführen. Zwei Dinge sind dabei besonders hinderlich: Zögern und Perfektionismus.

Das Hinauszögern oder Aufschieben wichtiger Aufgaben (das sogenannte Prokrastinieren) ist zwar weit verbreitet, aber an sich kein großes Problem. Es ist ein körpereigener Schutzmechanismus, der uns vor unangenehmen Aufgaben bewahren möchte. Doch leider sind es häufig genau diese Aufgaben, die uns im Leben weiterbringen. Wenn wir weiterkommen wollen, müssen wir uns diesen Situationen stellen, uns selbst überwinden und einfach loslegen. Ganz so einfach ist dieses Unterfangen jedoch nicht, denn um die Prokrastination zu besiegen, müssen wir in erster Linie einen Kampf gegen uns selbst führen. Allerdings geht es dabei nicht direkt ums Kämpfen, sondern eher ums Verstehen. Das soll heißen: Wenn du verstehst, warum du wichtige Dinge aufschiebst und dich stattdessen ablenkst, kannst du deine Situation genau analysieren und Gegenmaßnahmen entwickeln. Häufig reicht es schon aus, wenn du dich fragst: „Warum fällt mir die Arbeit so schwer?", „Was hält mich zurück?" oder „Was könnte ich tun, um mir den Einstieg zu erleichtern?". Klare, motivierende Ziele (Prinzip #1) und ein strukturierter Arbeitsplan (Prinzip #3) reichen oft schon aus, um deine Startschwierigkeiten zu überwinden.

Neben dem Hinauszögern zählt Perfektionismus zu den größten Effizienzbremsen im Alltag. In dieser Hinsicht gibt es genau zwei Arten von Menschen: Die einen bezeichnen sich als perfektionistisch und mögen diese Eigenschaft; die anderen beschränken sich nur auf die wesentlichen Punkte und halten Perfektionismus für eine böse Gefahr. Dabei ist Perfektionismus weder gut noch schlecht. Er ist beides. Das Streben nach Perfektionismus kann dich zu neuen Höchstleistungen anspornen; es kann dich jedoch auch krank und unglücklich machen. Deshalb musst du lernen, wie du Perfektionismus richtig einsetzt, ohne dich dabei auszubeuten und kaputt zu machen.

Bezogen auf deine Effizienz ist Perfektionismus eher problematisch, denn er macht dich langsam und bringt im Gegenzug keinen adäquaten Nutzen mit sich. Häufig reicht es für sehr gute Ergebnisse schon aus, ein offenes Ziel zu 90 oder 95 Prozent zu erledigen (100 Prozent sind ohnehin nicht möglich). Anstatt deine wertvolle Zeit also für kleine Fortschritte einzusetzen, solltest du lieber einen Gang zulegen und kluge Schwerpunkte setzen.

Meine Empfehlung lautet daher: Entwickle einen selektiven Perfektionismus und mach dir klar, dass du nicht jede deiner Anforderungen zu 100 Prozent erfüllen kannst. Besonders nicht deine eigenen. Beginne jetzt gleich mit einer Aufgabe deiner To-do-Liste und erfülle sie so oberflächlich wie möglich. Streng dich dabei ruhig an und beende die Aufgabe sinnvoll, aber lass unnötige Zwischenschritte und Details weg. Ziele auf ca. 80 Prozent deines üblichen Outputs ab – und höre dann auf. Danach beantwortest du die folgenden Fragen:

- ✔ Wie fühlt sich das Ergebnis an?
- ✔ Bist du sehr unzufrieden?
- ✔ Gibt es einen Unterschied zu deinen sonstigen Ergebnissen?
- ✔ Würde jemand anderes den Unterschied bemerken?
- ✔ Wie viel Zeit, Energie und Nerven hast du gespart?

Prokrastination und Perfektionismus sind starke Gegner eines ausgewogenen Zeitmanagements, doch mit der richtigen Herangehensweise und einer gesunden Portion Selbstreflexion wirst du diese Hürden überwinden. Meistens sind es nur kleine Details, an denen du arbeiten musst, um effizient zu werden. Vergiss das nicht und versuche, deine Produktivität kontinuierlich zu verbessern.

#6 Gewohnheiten aufbauen

Zeitmanagement ist einfach und dauert nicht lange. Langfristig funktioniert es aber nur, wenn du es regelmäßig betreibst. Ziele, Prioritäten, Pläne, Fokus und Effizienz haben keinen nachhaltigen Wert, falls du diese Prinzipien nicht Tag für Tag wiederholst. Zeitmanagement darf keine Ausnahme bleiben – es muss bei dir zur Gewohnheit werden! Es ist wie mit der täglichen Körperhygiene, nur auf mentaler und organisatorischer Ebene. Möchtest du obenrum frisch bleiben und einen guten Eindruck hinterlassen, musst du dir produktive Verhaltensmuster antrainieren. Studien zeigen: Über 95 Prozent des Erfolgs im Leben hängen davon ab, welche Gewohnheiten du entwickelst. Einmalaktionen geben dir vielleicht einen kurzen Motivationsschub, aber der ist genauso schnell wieder weg, wie er gekommen ist. Ganz nach Zig Ziglar: „Die Leute sagen oft, dass Motivation nicht anhält. Naja, das macht das Duschen auch nicht – deshalb empfehle ich es täglich."

Wenn du beispielsweise nur ein einziges Mal im Jahr über deine Prioritäten nachdenkst und einen entsprechenden Plan aufstellst, wirst du damit kurzfristig erfolgreich sein. Mit hoher Wahrscheinlichkeit ändern sich deine Ansichten aber schon nach wenigen Tagen und deine Planung ist nicht mehr aktuell. Dein Zeitmanagement funktioniert dann nicht mehr, da die Basis veraltet ist. Wenn du up-to-date bleiben möchtest, musst du die wichtigsten Prinzipien täglich berücksichtigen. Falls du es schaffst, verschiedene Produktivitätstechniken regelmäßig in deinen Alltag zu integrieren, wirst du langfristig erfolgreicher und glücklicher durchs Leben gehen, als du es dir jemals vorstellen konntest. Du wirst mehr schaffen und trotzdem weniger Stress haben. Stress kommt nämlich nicht von den Dingen, die du erledigt hast, sondern von dem, was du nicht erledigt hast.

Deshalb musst du gerade am Anfang konsequent sein und dir positive Gewohnheiten antrainieren. Doch das geht nicht auf Knopfdruck und ist mit etwas Arbeit verbunden. Ohne ständige Übung und Wiederholung verankern sich deine neuen Verhaltensmuster nicht in deinem Unterbewusstsein. Zum Glück laufen Gewohnheiten jedoch nach einem gleichen Muster ab. Jede Gewohnheit besteht aus diesen drei Schritten: Auslösereiz, Durchführung und Belohnung.

Die eigentliche Gewohnheit wird dabei nicht zufällig, sondern immer durch einen inneren oder äußeren Auslösereiz eingeleitet. Dies kann zum Beispiel ein Gefühl (Angst, Verwirrung, Langeweile) oder Signale der Umwelt (Wecker klingelt, Smartphone vibriert, Straßenlärm) sein. Erst durch diesen Reiz wird die Gewohnheit ausgelöst. Nach ihrer Durchführung wird der Kreislauf dann durch eine Belohnung (Erholung, Unterhaltung, Nervenkitzel) abgeschlossen. Dieses Muster gilt für positive und negative Gewohnheiten. Das heißt: Wenn du deine Produktivität steigern und dein Zeitmanagement langfristig verbessern möchtest, musst du zwei Dinge tun. Erstens neue, positive Gewohnheiten in deine täglichen Abläufe einbauen, zweitens deine alten Gewohnheiten analysieren und herausfinden, welche Verhaltensmuster dich ausbremsen.

Dazu bietet es sich an, deine täglichen Abläufe genauer unter die Lupe zu nehmen und ein Aktivitätenprotokoll zu führen, in welches du jede deiner Handlungen aufnimmst. Das ist zwar in der Anfangsphase mit viel Aufwand verbunden, aber schon nach einer Woche liegen dir belastbare Aussagen zu deinem aktuellen Zustand vor. Verbringst du zum Beispiel pro Tag 90 Minuten damit, deine E-Mails zu checken und fremde Facebook-Profile zu durchsuchen, macht das in der Woche unterm Strich 630 Minuten. Diese Zahl (mehr als zehn Stunden!) schwarz auf weiß vor Augen zu haben, zeigt dir genau, wo es gerade in deinem Zeitmanagement hapert. Wenn du diese Missstände aufgedeckt hast, kannst du deine schlechten Gewohnheiten schrittweise durch neue und bessere ersetzen.

Konzentriere dich dabei immer nur auf eine neue Gewohnheit und überfordere dich am Anfang nicht mit zu vielen neuen Vorhaben. Wer mehrere Dinge gleichzeitig zu ändern versucht, scheitert meist mit allen. Neue

Verhaltensmuster fühlen sich am Anfang unbequem an und brauchen deine volle Aufmerksamkeit. Wenn du damit beginnst, jeden Morgen um fünf Uhr aufzustehen, deinen Tag zu planen, 30 Seiten in einem Buch zu lesen, ohne aufs Smartphone zu schauen und danach joggen zu gehen, wirst du am Ende gar nichts davon hinbekommen. Das Einzige, was du bekommst, ist schlechte Laune.

Kümmere dich immer nur um eine neue Gewohnheit zur gleichen Zeit – dafür aber richtig. Fang klein an und trainiere deine neuen Routinen täglich. Dann wirst du schon nach kurzer Zeit große Erfolge verbuchen können. Die folgenden Fragen können dir bei der Organisation helfen:

- ✔ Welche neue Gewohnheit hätte einen großen positiven Einfluss auf dein Leben?
- ✔ Wie könntest du diese Gewohnheit ausführen, damit du sie als angenehm empfindest?
- ✔ Wann könntest du diese Gewohnheit ausführen, damit sie sinnvoll in deinen Tagesablauf hineinpasst?
- ✔ Wie sehen Auslösereiz, Durchführung und Belohnung deiner neuen Gewohnheit im Detail aus?
- ✔ Wie kannst du sicherstellen, dass du deine neue Gewohnheit tatsächlich dauerhaft ausführen wirst?

Gewohnheiten laufen in der Regel automatisch und ohne festen Plan ab. Solange deine neuen Handlungen aber noch nicht zur Gewohnheit konvertiert sind, musst du sie etwas sorgfältiger behandeln. Am einfachsten ist es, wenn du Gewohnheiten fest in deinen Tagesablauf einplanst und die einzelnen Schritte wie eine To-do-Liste abarbeitest. Mit der Zeit wirst du merken, dass die Dinge selbstverständlicher werden und eine Planung irgendwann überflüssig machen. Bis dahin sollten deine neuen Gewohnheiten vorsichtshalber in deinem Kalender stehen.

#7 Niemals aufgeben

Es gibt Phasen in deinem Leben, in denen dein Kalender überläuft und deine To-do-Liste aus allen Nähten platzt. Eine Aufgabe jagt die nächste und deine Zeit reicht vorne und hinten nicht. Mit einer erledigten Sache flattern fünf neue Herausforderungen auf deinen Schreibtisch – bis du schließlich das Gefühl hast, der Situation nicht mehr gewachsen zu sein. Deine Lage wirkt aussichtslos und du weißt nicht, was du tun sollst, um dort wieder herauszukommen.

Was viele Menschen in solch einer Situation tun: gar nichts. Da sie den Eindruck haben, ohnehin nichts ausrichten zu können, geben sie von vornherein auf. Sie sagen sich Dinge wie: „Ich schaffe das sowieso nicht. Zeitmanagement funktioniert bei mir nicht. Es ist reine Energieverschwendung, sich mit etwas zu beschäftigen, was von Anfang an aussichtslos ist." Diese Einstellung hat zur Folge, dass sie tatsächlich scheitern, sich bestätigt fühlen und es beim nächsten Mal genauso machen. Ein Teufelskreis. Doch das Weitermachen wird sich für dich auszahlen. Ja, Zeitmanagement ist anstrengend, nervenaufreibend und manchmal auch frustrierend. Doch der Aufwand lohnt sich. Du darfst nicht aufgeben, sondern musst dranbleiben – auch dann, wenn es dir schwerfällt und du am liebsten den Kopf in den Sand stecken würdest. Dazu sehen wir uns eine kleine Geschichte an, die dich zum Weitermachen inspirieren soll – selbst dann, wenn deine Herausforderung aussichtslos erscheint.

Es waren einmal zwei Frösche, die auf einem Bauernhof lebten. Eines Tages spielten sie in der Scheune neben den Milchkühen Verstecken. Der Bauer und seine Bediensteten waren schon im Feierabend, sodass sie das ganze Gelände für sich hatten. Als die beiden Frösche einen Moment lang nicht aufpassten, fielen sie in einen halbgefüllten Sahnetopf. Sofort dämmerte es ihnen, dass sie ertrinken würden. Schwimmen oder sich einfach treiben lassen war in dieser zähen Masse unmöglich. Am Anfang strampelten die Frösche wie wild in der Sahne herum, um an den Topfrand zu gelangen. Aber vergebens, sie kamen nicht vom Fleck und gingen immer wieder unter. Sie spürten, wie es von Minute zu Minute schwieriger wurde, an der Oberfläche zu bleiben und Atem zu schöpfen.

Nach einer Weile sprach es einer von ihnen aus: „Ich kann nicht mehr. Hier kommen wir nicht raus. In dieser Brühe kann man nicht schwimmen. Und wenn ich sowieso sterben muss, wüsste ich nicht, warum ich mich noch länger abstrampeln sollte. Welchen Sinn kann es schon haben, aus Erschöpfung im Kampf um eine aussichtslose Sache zu sterben?" Dann ließ er das Paddeln sein und ging unter. Er wurde buchstäblich verschluckt von der dickflüssigen Sahne.

Der andere Frosch ließ sich davon nicht beeindrucken. Er war hartnäckiger als sein Kollege und vielleicht auch ein kleiner Dickkopf. Er sagte sich: „Es ist richtig, ich habe keine Chance. Es ist aussichtslos. Aus diesem Bottich führt kein Weg heraus. Trotzdem werde ich mich dem Tod nicht einfach so ergeben, sondern kämpfen bis zum letzten Atemzug. Bevor mein letztes Stündlein geschlagen hat, werde ich keine Sekunde herschenken."

Er paddelte Stunde um Stunde auf derselben Stelle, ohne vorwärtszukommen. Von all dem Strampeln, Paddeln und Treten wurde die Sahne langsam fester und verwandelte sich allmählich in Butter. Plötzlich konnte der Frosch Halt fassen und sich besser abstützen. Überrascht machte der Frosch einen Sprung und gelangte zappelnd an den Rand des Topfes. Von dort aus hüpfte er quakend nach Hause und lebte glücklich bis an sein Lebensende.

Aus der Geschichte können wir zwei Dinge lernen. Erstens: Achte auf die versteckten Froschanteile, wenn du dir das nächste Mal ein Butterbrot machst; zweitens (und erheblich wichtiger): Viele Situationen sehen nur aussichtslos aus – sind es aber nicht. Sie wirken schwierig, angsteinflößend und deprimierend, doch mit einem entschlossenen

Willen und etwas Mut kannst du dich aus ihnen herausarbeiten. Auch dann, wenn die Menschen neben dir aufgeben und sich hängen lassen, brauchst du es ihnen nicht gleich zu tun. Du hast immer die Wahl, ob du kampflos das Handtuch wirfst oder all deine Kräfte zusammennimmst und es bis zur letzten Sekunde versuchst. Weitermachen kann dich selbst dann zum Ziel führen, wenn du aktuell nicht den exakten Weg dorthin kennst oder keine passende Lösung für dein Problem zur Hand hast. Häufig ergeben sich neue Möglichkeiten erst, wenn du dich an die Arbeit machst. Die wenigsten Prozesse sind von Anfang an klar und vieles muss sich erst im Laufe der Zeit entwickeln. Gibst du allerdings schon vor der ersten Hürde auf, wirst du niemals die Gelegenheit dazu haben, einen Ausweg aus deiner Lage zu finden. Du hast verloren, bevor du angefangen hast. Und das darfst du nicht zulassen.

Denk daran, wenn dir das nächste Mal deine täglichen Herausforderungen über den Kopf wachsen, dein Zeitmanagement nicht funktioniert und dich vor vermeintlich unüberwindbare Probleme stellt. Deine Lage ist niemals aussichtslos. Du siehst die Lösung nur nicht sofort. Wenn du jedoch weitermachst, wirst du sie finden. Beantworte die folgenden Fragen für eine schnelle Motivationsspritze:

- ✔ Welche ähnlichen Situationen hast du bisher schon gemeistert?
- ✔ Was spricht dafür, dass du es wieder schaffen wirst?
- ✔ Wie könntest du deine Lage schnell und einfach verbessern?
- ✔ Wer könnte dir dabei helfen?
- ✔ Was spricht dagegen weiterzumachen, es einfach zu versuchen und dein Bestes zu geben?

Dieses letzte Prinzip ist das wichtigste von allen, denn es stärkt deinen Charakter und sorgt dafür, dass du regelmäßig über dich hinauswächst. Für dein Zeitmanagement ist fundamental, dass du niemals aufgibst und kontinuierlich dafür kämpfst, deine Zeit unter Kontrolle zu bekommen. Denn genau das ist die Garantie für ein gutes Leben.

Zusammenfassung

In der folgenden Übersicht findest du nochmal die sieben Zeitmanagement-Prinzipien aus diesem Kapitel. Verinnerliche die einzelnen Konzepte und wende sie täglich an, damit du deine Zeit besser nutzen und dein Leben in Balance bringen kannst.

#1 Ziele festlegen: Lege deine persönlichen Ziele fest und formuliere sie so konkret wie möglich – und das am besten schriftlich.

#2 Prioritäten setzen: Bestimme die Dinge in deinem Leben, die dir besonders wichtig sind und richte dein Zeitmanagement an ihnen aus.

#3 Pläne aufstellen: Plane die Umsetzung deiner Ziele und hole damit deine Zukunft in die Gegenwart, damit du schon jetzt an ihr arbeiten kannst.

#4 Fokus erzeugen: Lenke deine volle Aufmerksamkeit auf eine einzige Sache und erledige deine Aufgaben konzentriert.

#5 Effizient arbeiten: Lass dich nicht ablenken und erledige deine Aufgaben so gut und schnell wie möglich – ohne dabei zu perfektionistisch zu sein.

#6 Gewohnheiten aufbauen: Integriere positive Gewohnheiten in deinen Alltag und kümmere dich regelmäßig um dein Zeitmanagement.

#7 Niemals aufgeben: Lass dich nicht von schwierigen Phasen aufhalten, sondern halte durch – das Weitermachen wird sich auszahlen.

Das war der erste Teil dieses Buches. In der zweiten Hälfte sehen wir uns 24 praktische Methoden für dein Zeitmanagement an, damit du die sieben übergeordneten Prinzipien mit Leben füllen kannst.

Methoden

Methoden für dein Zeitmanagement

Auf den folgenden Seiten stelle ich dir 24 Zeitmanagement-Methoden vor, mit deren Hilfe du deinen beruflichen und privaten Alltag organisieren kannst. 24 pragmatische Werkzeuge warten auf dich, die du nach Belieben ausprobieren und ganz nach deinem persönlichen Empfinden einsetzen kannst. Bevor du dich aber auf deine neuen Wundermittelchen stürzt, habe ich noch fünf Empfehlungen für dich, damit du auch wirklich den größten Nutzen aus diesem Buch ziehst.

1. Übertreibe es nicht!

Im Leben geht es nicht darum, zu einer leistungsoptimierten Arbeitsmaschine zu werden. Du sollst Spaß haben! Es darf anspruchsvoll und phasenweise auch anstrengend sein, aber unterm Strich soll dich dein Leben glücklich machen. Nicht mehr und nicht weniger. Wenn du allerdings versuchst, jede freie Minute mit Arbeit vollzustopfen und außer Effizienz oder Produktivität nichts auf dem Schirm hast, wirst du dich selbst ins Burn-out treiben. Setze die Methoden also mit Bedacht ein und übertreibe es nicht. Zeitmanagement hat nichts mit Selbstausbeutung zu tun.

2. Entscheide selbst!

Die Zeitmanagement-Methoden in diesem Buch habe ich persönlich für dich ausgewählt. Die Zusammenstellung hat daher einen subjektiven Charakter und ist nicht vollständig – es gibt noch weitere Techniken, Strategien und Tipps. Die folgenden 24 Methoden bilden jedoch eine sehr gute Grundlage für dein Zeitmanagement und spiegeln eine gesunde Mischung aus klassischen und modernen Ansätzen wider. Du kannst selbst entscheiden, welche Inhalte für dich besonders interessant sind. Am Ende des Buches habe ich zudem eine Auswahl weiterer Zeitmanagement-Bücher für dich zusammengestellt. Dort kannst du die Inhalte aus diesem Buch vertiefen oder weitere Konzepte kennenlernen.

3. Verschaffe dir einen Überblick!

Die Methoden in diesem Buch sind nicht chronologisch oder nach ihrer Wichtigkeit geordnet. Die Reihenfolge habe ich nach inhaltlichen und stilistischen Gesichtspunkten festgelegt. Das heißt aber nicht, dass du sie in dieser Reihenfolge lesen, bearbeiten und umsetzen musst. Du hast die Wahl: Entweder gehst du das Buch von vorne nach hinten durch, wählst zufällig das nächste Kapitel aus oder entscheidest nach der Überschrift. Meine Empfehlung: Überfliege das Buch zuerst, verschaffe dir einen Überblick, probiere einige Methoden oder Aufgaben aus und entscheide dann, ob du dich frei bewegen oder lieber dem Inhaltsverzeichnis folgen möchtest. Beide Wege sind gut und führen zum Ziel.

4. Passe die Methoden an!

Die Methoden und Konzepte in diesem Buch sind nicht in Stein gemeißelt. Ich kann dir versichern, dass sie funktionieren – das heißt aber nicht, dass es für dich keine bessere Alternative oder sinnvollere Variante gibt. Wenn du das Gefühl hast, dass eine bestimmte Zeitmanagement-Technik oder einzelne Aufgaben nicht zu dir passen, dann ändere ihre Ausführung! Passe die Strategien an deine Bedürfnisse an und zwänge dich nicht in eine Struktur, in der du dich nicht wohlfühlst. Ich zeige dir nur Möglichkeiten – die Entscheidungen triffst du.

5. Leg direkt los!

In diesem Buch geht es darum, dein Zeitmanagement sofort und dauerhaft zu verbessern. Und das in Rekordzeit. Wie bereits in der Einleitung angedroht: Lesen allein reicht dazu nicht – du musst aktiv werden. Wenn du die Aufgaben am Ende der Kapitel nicht erledigst und dich nur auf die Theorie beschränkst, wirst du rein gar nichts in deinem Leben verändern. Die Wirkung der Methoden wird sofort verpuffen und dein aktuelles Zeitmanagement bleibt so, wie es ist. Damit das nicht passiert: Fang jetzt an, handle sofort!

#1 Eat-the-frog-Methode

▌ In einem Satz

Bei der Eat-the-frog-Methode beginnst du jeden Tag mit deiner schwierigsten bzw. anspruchsvollsten Aufgabe, bevor du dich um andere Dinge kümmerst.

🏆 So geht's

Die meisten Menschen beginnen ihren Tag mit leichten Dingen. Anstatt mit den wirklich wichtigen Aufgaben anzufangen, wollen sie erstmal „reinkommen" und sich für die großen Herausforderungen „warm machen". Wenn du ehrlich zu dir selbst bist, wirst du feststellen, dass du deinen Tag ebenfalls häufig mit Kleinkram beginnst. Nur die wenigsten von uns starten mit der schwersten Aufgabe in den Tag und beschäftigen sich direkt mit dem dicksten Brocken auf der To-do-Liste. Das Problem ist nur: Die kleinen, leichten Dinge lenken uns ab. Sie geben uns zwar ein gutes Gefühl, aber sie hindern uns daran, unseren großen Zielen näher zu kommen. Um genau dieses lästige Aufschieben zu unterbinden, liefert die Eat-the-frog-Methode von Brian Tracy die perfekte Herangehensweise:

> ✔ Mach es dir zur Gewohnheit, jeden Morgen zuerst die wichtigste Aufgabe anzugehen, bevor du irgendetwas anderes tust – und das, ohne lange darüber nachzudenken!

Das Prinzip basiert auf dem englischen Sprichwort: „Eat the frog!", was so viel bedeutet wie: Wenn man jeden Morgen zum Frühstück einen Frosch isst, kann man sicher sein, dass einem nichts Schlimmeres mehr passieren wird. Dein Frosch ist deine schwierigste und wichtigste Aufgabe, von der du dir die größten positiven Auswirkungen für dein Leben versprichst. Gleichzeitig ist es die Aufgabe, bei der du am stärksten dazu neigst, sie aufzuschieben. Obwohl der starke Widerspruch an dieser Stelle (wichtige Aufgabe vs. hohes Aufschiebepotenzial) zu anfänglichen Problemen führen kann, ist die Belohnung für dich umso größer: Fängst du morgens direkt mit deiner unangenehmsten Aufgabe an und beißt dich durch, hast du den restlichen Tag ein tolles Gefühl und bist deinen Zielen deutlich näher gekommen. Zudem hebst du dich damit von vielen deiner Kontrahenten ab und hast einen deutlichen Produktivitätsvorteil.

So gehst du bei der Eat-the-frog-Methode vor: Du sammelst zuerst alle Aufgaben, die dir keinen großen Spaß machen und bei deren Erledigung du dich so fühlst, als würdest du einen ekelhaften Frosch verspeisen. Danach sortierst du von diesen nervigen Aufgaben diejenigen aus, die dir nicht direkt dabei helfen, deine Ziele zu erreichen. Übrig bleibt das, was dich wirklich weiterbringt und morgens als erstes von dir angepackt werden sollte. Wenn du jeden Morgen als erstes nur eine halbe Stunde deiner Zeit in diese Aufgaben steckst und dich ohne Ablenkung mit ihnen beschäftigst, wirst du sehen, wie produktiv du sein kannst.

Bei mehreren Fröschen gleichzeitig solltest du immer mit dem hässlichsten anfangen. Das heißt: Wenn zwei, drei oder vier wichtige Aufgaben auf deiner To-do-Liste stehen, beginnst du mit der größten und unangenehmsten. Also immer mit dem, das am wenigsten Spaß macht, aber gleichzeitig unheimlich wichtig für deinen Erfolg ist. Aber aufgepasst: Nur, weil manche Dinge unangenehm sind, musst du ihnen nicht die höchste Priorität einräumen. Lass dich nicht von „falschen Fröschen" in die Irre führen! Deine Eat-the-frog-Aufgaben müssen immer direkte positive Auswirkungen auf deine übergeordneten Ziele haben. Und bei besonders hässlichen Fröschen hat Tracy noch den folgenden Rat für dich: „Wenn man schon einen Frosch essen muss, bringt es nichts, sich erst hinzusetzen und ihn lange anzustarren." Denk nicht lange darüber nach, wie nervig und langweilig deine Aufgabe ist. Setz dich einfach hin und erledige sie – das macht den Unterschied und bringt dich weiter. Also: Augen zu und durch!

✿ Anleitung

Bevor du dich um deine Frösche kümmern kannst, musst du diese erst einmal als solche identifizieren. Und um die größten unter ihnen zu finden, kannst du dich am folgenden zweistufigen Prozess orientieren:

Schritt 1: Nervige Aufgaben finden!

- ✔ Welche deiner Aufgaben sind besonders zeitintensiv oder nervenaufreibend?
- ✔ Wozu musst du dich am meisten überwinden?
- ✔ Welche Punkte auf deiner To-do-Liste lassen dich abends nicht einschlafen?
- ✔ Für die Erledigung welcher Aufgaben würdest du das meiste Geld bezahlen?
- ✔ Welche Aufgabe schiebst du schon lange vor dir her?

Schritt 2: Wichtige Aufgaben finden/unwichtige Aufgaben streichen!

- ✔ Welche Aufgaben haben direkten Einfluss auf deine Ziele?
- ✔ Auf einer Skala von 1 bis 10: Wie wichtig sind deine Aufgaben?
- ✔ Welche Aufgaben haben die größten positiven Auswirkungen auf dein Leben?
- ✔ Welche Aufgaben bringen dich nicht weiter?
- ✔ Wenn du nur eine Sache erledigen könntest, um deine Ziele zu erreichen – welche wäre das?

Nachdem du deine Frösche bestimmt hast, bringst du deine Auswahl in eine Reihenfolge und legst die EINE Aufgabe fest, die aktuell am wichtigsten für dich ist.

Reserviere im Anschluss sofort ein Zeitfenster am nächsten Morgen, in welchem du dich ungestört und mit voller Aufmerksamkeit um diese Aufgabe kümmern kannst.

★ Beispiel

Frösche sind nicht immer eindeutig zu identifizieren. Darum findest du hier einige Beispiele für typische Frösche:

- ✔ Bericht schreiben
- ✔ Präsentation vorbereiten
- ✔ Kunden zurückrufen
- ✔ Chefin um Urlaub bitten
- ✔ Englisch lernen
- ✔ Joggen/Sport machen
- ✔ Gesund frühstücken

Gleichermaßen verhält es sich mit falschen Fröschen – also Aufgaben, die nur wichtig erscheinen, in Wirklichkeit aber keine hohe Priorität erhalten sollten. Dazu ebenfalls einige Beispiele:

- ✔ Schreibtisch aufräumen
- ✔ E-Mails sortieren
- ✔ Müll runterbringen
- ✔ Meeting mit Kollegen abhalten
- ✔ Stromanbieter wechseln
- ✔ Einkaufen
- ✔ Recherche durchführen

✎ Aufgabe

Bestimme deinen aktuell größten Frosch, reserviere dir etwas Zeit am nächsten Morgen und iss ihn dann zum Frühstück – eat the frog!

#2 Pareto-Effekt

🚩 In einem Satz

Der Pareto-Effekt zeigt dir, welche 20 Prozent deiner Aufgaben für 80 Prozent deiner Ergebnisse verantwortlich sind.

🏆 So geht's

Wenn du deine Ziele erreichen und deine Pläne in die Tat umsetzen möchtest, musst du die richtigen Dinge tun. Das bedeutet: Du musst effektiv sein. Möchtest du dann noch Zeit sparen, solltest du deine Aufgaben so wirtschaftlich wie möglich abarbeiten. Das wiederum heißt: Du musst effizient werden. Dabei kommt die Effektivität immer vor der Effizienz. Was du tust, ist unendlich wichtiger, als wie du es tust! Natürlich ist es sinnvoll, effizient zu arbeiten, aber jede Effizienz ist wertlos, wenn du sie nicht auf die richtigen Dinge anwendest.

Um die richtigen Dinge zu finden, machen wir jetzt einen kleinen Abstecher in die Ökonomie und sehen uns den Pareto-Effekt an. Anschließend wirst du viel besser einschätzen können, welche Aufgaben wichtig für dich sind und bei welchen Aktivitäten du deine Zeit verschwendest. Vilfredo Pareto war ein italienischer Wirtschaftsprofessor und hatte eine große Begabung für Statistik. In einer seiner bekanntesten Untersuchungen hat er das 80/20-Prinzip nachgewiesen, welches später unter den Namen „Pareto-Effekt", „Pareto-Verteilung" oder „Pareto-Prinzip" berühmt wurde.

Darum ging es dabei: Pareto fand heraus, dass der Wohlstand in einer Gesellschaft sehr ungleichmäßig verteilt ist. Genauer gesagt wies er nach, dass sich 80 Prozent des Vermögens im Besitz von 20 Prozent der Bevölkerung befanden. Diese Verteilung lässt sich verallgemeinern und auf viele andere Bereiche außerhalb der Ökonomie übertragen und anwenden.

Das allgemeine Pareto-Prinzip lautet: Nur 20 Prozent des Inputs sorgen für 80 Prozent des Outputs. Das Ungleichgewicht ist dabei sogar oft noch höher: 90/10, 95/5 oder 99/1. Mindestens gilt aber das Verhältnis 80/20. Für dein Zeitmanagement heißt das konkret:

✔ In 20 Prozent deiner Zeit erzielst du 80 Prozent deines Erfolgs.

Die verbleibenden 80 Prozent deiner Zeit wendest du für die restlichen 20 Prozent deiner Ergebnisse auf. Oder mit anderen Worten: Wenn du eine To-do-Liste mit zehn Aufgaben vor dir hast, sind zwei Aufgaben davon mindestens genauso wertvoll wie die anderen acht zusammen. Grafisch sieht das folgendermaßen aus:

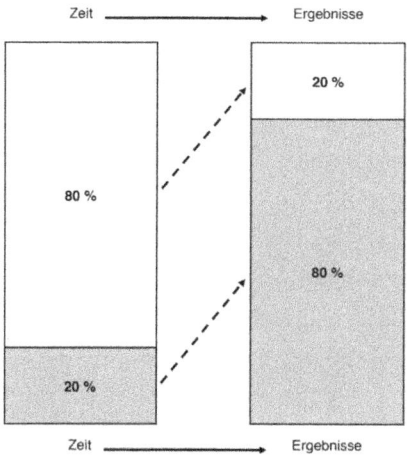

Einige deiner To-dos bringen dich demnach deutlich schneller ans Ziel als der Rest. Und genau diese Aufgaben musst du finden. Frage dich daher jedes Mal, wenn du mit einer neuen Aufgabe beginnst: „Gehört diese Aktivität zu den wertvollen 20 Prozent?" Sollte sie nicht dazugehören, kommt sie erst einmal nach hinten! Kümmere dich ab jetzt primär um die Dinge, die dir überproportional gute Ergebnisse bringen. Sortiere knallhart aus, indem du Prioritäten setzt und den Vorteil der Pareto-Verteilung für dich ausnutzt.

✿ Anleitung

Das Pareto-Prinzip kannst du immer dann einsetzen, wenn du Aufgaben miteinander vergleichen möchtest, die dem gleichen Ziel dienen. So kannst du entscheiden, ob der Nutzen besonders groß oder eher gering ausfällt:

Schritt 1: Bestimme ein Ziel und lege dieses schriftlich fest!
✔ Was möchtest du erreichen?

Schritt 2: Erstelle eine Übersicht der erforderlichen Arbeitsschritte!
✔ Welche Aufgaben musst du erledigen?

Schritt 3: Bestimme deine 20-Prozent-Aufgaben!
✔ Welche Aufgaben liefern die besten/meisten Ergebnisse?

Schritt 4: Bestimme deine 80-Prozent-Aufgaben!
✔ Welche Aufgaben tragen nur wenig zum Erfolg bei?

Schritt 5: Setze Prioritäten!
✔ Konzentriere dich ausschließlich auf deine 20-Prozent-Aufgaben und vernachlässige deine restlichen To-dos!

Du musst ein bisschen experimentieren, um herauszufinden, welche Aktivitäten in deinem Alltag bzw. Berufsleben die besten Ergebnisse erzeugen. Sobald du deine 20-Prozent-Aktivitäten kennst, bist du auf dem besten Weg, dein Zeitmanagement zu revolutionieren.

★ Beispiel

Die 80/20-Verteilung nach Pareto wirkt auf den ersten Blick akademisch und unpraktikabel. Dabei ist sie das genaue Gegenteil. Das Pareto-Prinzip kann auf viele Bereiche deines Lebens angewendet werden und dir dabei helfen, kluge Prioritäten zu setzen.

Schauen wir uns einige Beispiele dieser Gesetzmäßigkeit an:

- ✔ 80 Prozent deiner Ergebnisse folgen aus 20 Prozent des gesamten Aufwands.
- ✔ 80 Prozent der Unternehmensgewinne werden mit 20 Prozent der Produkte erwirtschaftet.
- ✔ 80 Prozent des Umsatzes wird durch 20 Prozent der Kunden realisiert.
- ✔ 80 Prozent deiner Lernfortschritte entstehen in 20 Prozent deiner Lerneinheiten.
- ✔ 80 Prozent deiner Freizeit verbringst du mit 20 Prozent deiner engsten Freunde und Bekannten.

Es gibt keine Möglichkeit, Pareto-Aufgaben eindeutig zu benennen. In der Regel reicht es aber schon, zu wissen, welche Aufgaben viel und welche wenig zu deinem Erfolg bzw. deinen Ergebnissen beitragen. Dazu noch einige beispielhafte Zielfragen:

Welche Aufgaben...

- ✔ ... sind für dein Ziel unverzichtbar?
- ✔ ... sind besonders unangenehm?
- ✔ ... schiebst du häufig auf?
- ✔ ... liefern dir sofort Ergebnisse?
- ✔ ... bringen dich langfristig weiter?
- ✔ ... machen alles andere einfacher?
- ✔ ... sind notwendig/nicht notwendig?
- ✔ ... kannst du ohne Konsequenzen streichen?

✏ Aufgabe

Finde die 20-Prozent-Aufgaben auf deiner To-do-Liste (und in deinem Leben), die für 80 Prozent deiner Ergebnisse sorgen und kümmere dich ausschließlich um diese Aktivitäten!

#3 SMART-Formel

▉ In einem Satz

Mit der SMART-Formel kannst du eindeutige und motivierende Ziele formulieren.

🏆 So geht's

Ziele sind für dein Zeitmanagement von großer Bedeutung. Bestimmst du in deinem Alltag keine Ziele, wirst du deine Zeit niemals sinnvoll und effizient einsetzen können – dafür stehen dir zu viele verschiedene Handlungsoptionen zur Verfügung. Ohne eine klare Zielführung besteht die Gefahr, dass große Teile deiner Aufmerksamkeit und Energie für Nebensächlichkeiten draufgehen. Aber wie formulierst du deine Ziele? Einfache Antwort: So klar wie möglich! Dazu gibt es einen schönen und einfachen Ansatz aus dem Projektmanagement: Ziele müssen SMART sein. Das steckt hinter der SMART-Formel:

- ✔ S: spezifisch (specific)
- ✔ M: messbar (measurable)
- ✔ A: attraktiv (assignable)
- ✔ R: realistisch (realistic)
- ✔ T: terminiert (time framed)

Deine Ziele sollten demnach diese fünf Eigenschaften (spezifisch, messbar, attraktiv, realistisch, terminiert) erfüllen, um ihre größte Wirkung zu entfalten. Formuliere dein Ziel zunächst spezifisch, also so konkret wie möglich. Denn nur, wenn du dein Ziel eindeutig und präzise festlegst, kannst du unbeirrt darauf hinarbeiten. Dein Ziel darf keinen verschwommenen Wunsch darstellen, sondern muss der erste Schritt zur Umsetzung sein. Je konkreter du dich dabei festlegst, desto besser kannst du dir das Ergebnis vorstellen – und wirst es deswegen mit viel höherer Wahrscheinlichkeit erreichen. Außerdem sollten alle Ziele messbar (quantifizierbar) sein. Andernfalls kannst du nicht überprüfen, ob du konsequent an deinen Zielen gearbeitet und diese am Ende erreicht hast. Im Berufsleben ist dies in der Regel leichter umzusetzen als im Privatleben – versuche dennoch alles, um Vergleichswerte festzulegen. Weiterhin solltest du dein Ziel attraktiv und angemessen formulieren, damit du nicht direkt in ein Motivationsloch fällst, sondern den Wunsch hast, das Ziel auch wirklich zu erreichen. Überhöhte oder langweilige Ziele bringen dich hingegen nicht weiter. Vergiss dabei nicht: Sich Ziele zu setzen, ist kein Wunschkonzert. Natürlich ist es völlig in Ordnung, wenn du hoch hinaus möchtest; aber deine Ziele müssen dabei immer realistisch bleiben und den aktuellen Tatsachen gerecht werden. Wenn du deine Ziele so formulierst, dass du sie gar nicht erst erreichen kannst, ist das ganze Konzept sinnlos. Die letzte wichtige Eigenschaft für deine Ziele besteht darin, dass diese terminiert sein müssen. Erst wenn deine Ziele an einen zeitlichen Rahmen gebunden sind, kannst du fokussiert mit der Umsetzung beginnen.

Die SMART-Formel ist ein schönes Werkzeug, mit dem du deine Ziele schnell und einfach formulieren kannst. Die fünf Eigenschaften sorgen dafür, dass deine Ziele klar und verständlich werden, ohne dass du viel Zeit für die Planung aufwenden musst. Dadurch erhältst du nicht nur einen eindeutigen Handlungsplan, sondern auch einen spürbaren Motivationsschub.

Dieser Effekt wird verstärkt, indem du deine Ziele aufschreibst, ganz klassisch auf Papier. Auf den ersten Blick sieht das zwar nur wie ein kleiner Schritt aus, aber dieser Punkt hat großen Einfluss auf dein Durchhaltevermögen und deine Erfolgsaussichten. Ein schriftlich fixiertes Ziel wird dich motivieren und anstacheln. Es ist mehr als eine Interessensbekundung; es handelt sich um eine offizielle Vereinbarung mit dir selbst. Die Wahrscheinlichkeit, dass du dich an diese Abmachung hältst, ist viel größer als bei einer spontanen Idee, die nur in deinem Kopf herumschwirrt.

✿ Anleitung

Die Zielformulierung nach der SMART-Formel ist einfach und folgt den fünf Eigenschaften, die deine Ziele erfüllen müssen. Besorge dir etwas zu schreiben und formuliere deine Ziele so:

Schritt 1: Ziele müssen spezifisch sein!

✔ Was genau möchtest du erreichen?

Schritt 2: Ziele müssen messbar sein!

✔ Wie kannst du dein Ziel/deinen Erfolg überprüfen?

Schritt 3: Ziele müssen attraktiv sein!

✔ Ist dein Ziel erstrebenswert?

Schritt 4: Ziele müssen realistisch sein!

✔ Ist dein Ziel umsetzbar?

Schritt 5: Ziele müssen terminiert sein!

✔ Wann willst du dein Ziel erreicht haben?

Es kommt vor, dass nicht alle fünf Kriterien für deine Ziele erfüllt werden können. Insbesondere, wenn äußere Einflüsse auf deine Ziele wirken oder sich deine Prioritäten während der Zielverfolgung ändern. Außerdem sind nicht alle Ziele eindeutig messbar oder erzeugen gar einen inneren Konflikt bezüglich Attraktivität und Realitätsnähe. Trotz dieser Schwächen bildet das SMART-Konzept eine solide Grundlage, an der du dich orientieren kannst.

★ Beispiel

Nicht jedes Ziel kann oder muss SMART sein. Häufig reicht es schon, wenn du deine Ziele umreißt und dich dann an die Arbeit machst. Das SMART-Konzept kann dir allerdings helfen, da Ziele hierbei nach einem klaren Muster definiert werden und nicht jedes Mal neu durchdacht werden müssen. Dazu einige Beispiele:

Beispiel 1 (spezifisch):

- ✔ Nicht so: „Ich werde mich mehr bewegen."
- ✔ Sondern so: „Ich werde bei jeder Gelegenheit die Treppe statt des Aufzugs benutzen."

Beispiel 2 (messbar):

- ✔ Nicht so: „Ich werde morgen Nachmittag irgendwann an dem Bericht weiterarbeiten."
- ✔ Sondern so: „Ich werde morgen Nachmittag von 14:00 Uhr bis 16:00 Uhr Kapitel 2 und 3 des Berichts schreiben."

Beispiel 3 (attraktiv):

- ✔ Nicht so: „Morgen räume ich den ganzen Tag den Keller auf."
- ✔ Sondern so: „Morgen werde ich zwei Stunden lang den Keller aufräumen. Danach mache ich eine Pause."

Beispiel 4 (realistisch):

- ✔ Nicht so: „Heute Abend werde ich ein Buch lesen, die Steuererklärung machen und den Gartenzaun streichen."
- ✔ Sondern so: „Heute Abend werde ich eine halbe Stunde lesen, dann die Steuerunterlagen heraussuchen und eine Farbe für den Gartenzaun auswählen."

Beispiel 5 (terminiert):

- ✔ Nicht so: „Ich werde ein Gespräch mit meinem Partner führen."
- ✔ Sondern so: „Samstagnachmittag werde ich um 14:00 Uhr ein Gespräch mit meinem Partner führen."

✎ Aufgabe

Wende die SMART-Formel an und definiere klare Ziele für deinen nächsten Tag!

#4 Fokus-Frage

🚩 In einem Satz

Die Fokus-Frage lenkt deine volle Aufmerksamkeit auf eine einzige Sache und hilft dir dabei, klare Prioritäten zu setzen.

🏆 So geht's

Die Fokus-Frage von Gary Keller ist ein einfaches Werkzeug, um festzulegen, welche Aufgabe für das Erreichen eines bestimmten Ziels am wichtigsten ist – und daher mit höchster Priorität von dir erledigt werden sollte. Die Fokus-Frage lautet:

✔ Welches ist die EINE Sache, die ich tun kann, sodass alles andere einfacher oder sogar überflüssig wird?

Die Frage ist auffällig simpel. Dennoch bewirkt sie eine spürbare Veränderung deiner Denkweise, erzeugt klare Handlungsempfehlungen und sorgt damit für beachtliche Fortschritte in deinem Zeitmanagement. An sich haben Fragen keinen Nutzen. Sie helfen dir im ersten Moment nicht weiter, wenn du in einem Motivationstief steckst oder an Konzentrationsschwierigkeiten leidest. Auf den zweiten Blick können dir Fragen allerdings wertvolle Hinweise darauf geben, wie du ein Problem lösen und große Aufgaben bewältigen kannst. Und genau das ist der Zweck der Fokus-Frage. Sie ist ein Impulsgeber, der dich dazu zwingt, eine Antwort darauf zu geben, was gerade in deinem Leben wichtig ist. Denn von allein würdest du entweder nicht darauf kommen oder die Frage gar nicht stellen.

Die Fokus-Frage drängt dich dazu, Prioritäten zu setzen („Welches ist die EINE Sache,...“), bringt dich zum Handeln („...die ich tun kann,...“) und schützt dich vor Orientierungslosigkeit und Ablenkungen („...sodass alles andere einfacher oder sogar überflüssig wird.“). Jedes Mal, wenn du die Fokus-Frage beantwortest, wird dir etwas klarer, was du erreichen möchtest und welche Schritte auf diesem Weg zu gehen sind. Dieses Zusammenspiel macht die Fokus-Frage so stark. Besonders bei wechselhaften und komplexen Anforderungen in deinem Alltag kann dir dieses Werkzeug gute Dienste erweisen. Fast täglich ändern sich deine Pläne, neue Aufgaben kommen hinzu. Alte Verpflichtungen, die gestern noch brandaktuell waren, spielen heute keine Rolle mehr. Trotzdem darfst du nicht die Übersicht verlieren und orientierungslos in den Tag hineinleben. Kurz: Du musst laufend deine Prioritäten ändern und trotzdem deine langfristigen Ziele im Blick behalten. Die Fokus-Frage ist das ideale Mittel, um dich dabei zu unterstützen.

Auf der einen Seite lenkt sie deine Konzentration auf eine einzige Aufgabe; auf der anderen Seite sorgt sie dafür, dass dein Global Picture, deine Vision, allgegenwärtig ist. Durch den Satzteil „sodass alles andere einfacher oder sogar überflüssig wird" wird deine „eine Sache" kontinuierlich in Relation gesetzt. Du siehst dein Handeln daher immer in einem größeren Zusammenhang und niemals isoliert.

Aber das Beste ist: Schon nach kurzer Zeit entwickelt die Fokus-Frage eine produktive Eigendynamik. Stell dir deinen Erfolg in einem bestimmten Lebensbereich als eine Reihe von Dominosteinen vor, die mit einem kleinen Abstand voneinander aufgestellt wurden. Um dein Ziel letztendlich zu erreichen, musst du jeden einzelnen Dominostein umwerfen. Und wie gelingt dir das am besten? Richtig, indem du ganz vorne beginnst. Die Fokus-Frage fordert dich dazu auf, den ersten Dominostein zu finden und mit aller Entschlossenheit umzuwerfen. Sobald du das geschafft hast, wirst du feststellen, dass die folgenden Dominosteine als Reaktion darauf bereit sind, umzufallen oder bereits umgefallen sind. Das Schwierigste (der Anfang) ist gemacht – der Rest folgt automatisch. Deine „eine Sache" ist der erste Stein in der Reihe und übt somit die größte Wirkung auf alle folgenden aus. Danach heißt es nur noch: dranbleiben!

✿ Anleitung

Das Stellen und Beantworten der Fokus-Frage ist einfach. Trotzdem machen es die meisten Menschen nicht und verharren stattdessen in einem Zustand lähmender Unproduktivität. Sie beschäftigen sich mit unnötigen Dingen anstatt mit ihrer EINEN Sache. So machst du es besser:

Schritt 1: Stelle die Fokus-Frage!

✔ Welches ist die EINE Sache, die ich tun kann, sodass alles andere einfacher oder sogar überflüssig wird?

Schritt 2: Sammle mögliche Antworten!

✔ Welche Maßnahmen kommen in Betracht, um die Fokus-Frage zu beantworten?

Schritt 3: Lege deine EINE Sache fest!

✔ Welche Handlung bringt dir die besten Ergebnisse?

Schritt 4: Wiederhole die Fokus-Frage regelmäßig!

✔ Haben sich deine Prioritäten geändert?

Stelle dir die Fokus-Frage mehrmals täglich. Schreibe dir eine Erinnerung oder lass sie dir auf deinem Smartphone alle zwei oder drei Stunden anzeigen. Zusätzlich kannst du auch Erinnerungszettel an deinem Schreibtisch befestigen, damit du wenigstens einmal am Tag darüber nachdenkst, welches deine EINE Sache ist. Je öfter du dir diese Frage stellst, desto besser.

★ Beispiel

Damit du die Fokus-Frage direkt ausprobieren kannst, habe ich verschiedene Anwendungsbeispiele für sieben unterschiedliche Lebensbereiche zusammengestellt.

Beispiel 1 (persönliche Entwicklung):

✔ Welches ist die EINE Sache, die ich tun kann, um meine persönlichen Ziele schneller zu erreichen?

Beispiel 2 (Gesundheit):

✔ Welches ist die EINE Sache, die ich tun kann, um Stress abzubauen und gesünder zu leben?

Beispiel 3 (Partnerschaft):

✔ Welches ist die EINE Sache, die ich tun kann, um die Beziehung zu meinem Partner zu verbessern?

Beispiel 4 (Familie):

✔ Welches ist die EINE Sache, die ich tun kann, um das Verhältnis zu meinen Eltern angenehmer zu gestalten?

Beispiel 5 (Beruf):

✔ Welches ist die EINE Sache, die ich tun kann, um meine Karriere voranzutreiben?

Beispiel 6 (Lebenssinn):

✔ Welches ist die EINE Sache, die ich tun kann, um anderen Menschen zu helfen?

Beispiel 7 (Finanzen):

✔ Welches ist die EINE Sache, die ich tun kann, um Geld zu sparen und finanziell unabhängig zu sein?

✎ Aufgabe

Formuliere deine persönliche Fokus-Frage für drei verschiedene Lebensbereiche und lege die wichtigsten Aufgaben für dich fest!

#5 Salami-Taktik

🔖 In einem Satz

Bei der Salami-Taktik zerlegst du große Ziele und Aufgaben in kleine, überschaubare Teilschritte und arbeitest diese nacheinander ab.

🏆 So geht's

Der Hauptgrund für ein schlechtes Zeitmanagement liegt in viel zu komplexen Aufgaben. Wenn du deine Ziele zu groß formulierst, kann das abschreckend und demotivierend sein. Du hast dann keine Lust anzufangen oder startest zwar, verzettelst dich aber nach kurzer Zeit und gibst dann gestresst auf. Eine einfache und wirkungsvolle Möglichkeit, großen Aufgaben ihren Schrecken zu nehmen, liefert die Salami-Taktik. Bei dieser Methode zerlegst du große Ziele in kleine Scheiben (wie bei einer Salami) und arbeitest dich so scheibchenweise nach vorne. Das Grundprinzip dahinter ist simpel und lautet:

✔ Denke in Schritten!

Drei kleine Worte mit großer Wirkung. Gewöhne dir an, große Aufgaben nicht mehr als Ganzes zu sehen, sondern denke in kleinen Etappen. Unterteile deine anstehenden Projekte in kleine, durchführbare Einheiten und arbeite dich dann Schritt für Schritt durch. Die Gesamtheit behältst du dabei natürlich im Blick – für die Durchführung spielt sie allerdings keine Rolle mehr. Das hat zwei große Vorteile: Erstens wirst du es einfacher finden, zunächst ein kleines Stück einer großen Aufgabe zu erledigen, als mit der ganzen Arbeit auf einmal anzufangen. Dadurch kommst du langsam in Schwung und wirst dich sehr wahrscheinlich gleich noch mit dem nächsten Schritt befassen, sobald du diese erste kleine Hürde übersprungen hast. Zweitens sorgt diese Aufteilung dafür, dass du die Übersicht behältst und zu jedem Zeitpunkt genau weißt, an welcher Stelle deiner Aufgabe du dich befindest. Du wirst dich nicht mehr verlaufen oder von Kleinkram ablenken lassen. Dein Schritte-Plan hält dich in der Spur und zeigt dir, was als nächstes zu tun ist. Und genau das bringt uns zu der zentralen Frage, die du dir bei der Planung und Aufteilung deiner Aufgaben stellen solltest: „Was ist der nächste Schritt?" Richte deinen Fokus bewusst auf die nächste, konkrete Maßnahme, die du durchführen musst. Frage dich immer, was im nächsten Arbeitsschritt zu tun ist – alles Weitere zählt erst einmal nicht. Dabei kannst du deine Aufgaben in beliebig viele Schritte aufteilen und ganz deinem Arbeitsrhythmus anpassen. Tendenziell solltest du dabei eher zu fein als zu grob planen, denn wenn du am Anfang zu große Sprünge machst, bringt dir deine neue Struktur kaum Vorteile und irritiert dich eher. Planst du hingegen zu viele Schritte, straffst du nur deinen Arbeitsrahmen und hast im Zweifel eine zu starre Führung. Aber keine Sorge: Das ist am Anfang nicht so schlimm. Eine allgemeine Struktur könnte so aussehen:

→ Deine Aufgabe
   → Teilaufgabe 1
      → Teilaufgabe 1a
      → Teilaufgabe 1b
      → Teilaufgabe 1c
   → Teilaufgabe 2
      → Teilaufgabe 2a
      → Teilaufgabe 2b
      → …

Mit der Zeit bekommst du eine gewisse Routine beim Festlegen der Schritte und kannst dich dann auf deine Erfahrungswerte verlassen. Bis dahin muss sich deine Vorgehensweise noch einpendeln. Am besten funktioniert die Salami-Taktik, wenn du sie schriftlich durchführst und deine Aufgaben in strukturierte Listen aufteilst. Jede Teilaufgabe sollte zudem eine verbindliche Deadline erhalten, damit du unbequeme Schritte nicht unnötig hinauszögerst.

✿ Anleitung

Mithilfe der Salami-Taktik kannst du jede beliebige Aufgabe in ihre Einzelteile zerlegen und scheibchenweise erledigen. Nach dieser Gliederung legst du eine Bearbeitungsreihenfolge fest und konzentrierst dich immer nur auf den aktuellen Arbeitsschritt. Nach dem folgenden Schema kannst du dabei vorgehen:

Schritt 1: Wähle eine Aufgabe!
- ✔ Womit möchtest du dich beschäftigen?

Schritt 2: Lege ein Ziel fest!
- ✔ Was möchtest du erreichen?

Schritt 3: Definiere die Grundbestandteile deiner Aufgabe!
- ✔ Was gehört zu deiner Aufgabe dazu?

Schritt 4: Definiere alle einzelnen Schritte auf diesem Weg!
- ✔ Welche Arbeitsschritte musst du konkret erledigen?

Schritt 5: Lege eine Reihenfolge fest!
- ✔ In welcher Abfolge müssen die Schritte erledigt werden?

Schritt 6: Beginne mit der ersten Teilaufgabe!
- ✔ Konzentriere dich nur auf einen einzigen Arbeitsschritt!

Die größten Schwierigkeiten treten in Schritt 3 auf: die Definition der Grundbestandteile. Dieser Schritt wirkt auf den ersten Blick willkürlich und abstrakt. Das ist er aber nicht, denn jede Aufgabe lässt sich in die folgenden drei Grundbestandteile aufteilen: Vorbereitung, Durchführung und Nachbereitung.

Jede Aufgabe, die dir begegnet, besteht im Großen und Ganzen aus diesen drei Puzzleteilen – auch wenn du in der Regel nur die mittlere

(Durchführung) wahrnimmst. Gewöhnst du dir aber an, deine Projekte direkt nach diesem Muster einzuteilen, kannst du gezielter vorgehen und deine Arbeit schneller beenden.

★ **Beispiel**

Grundsätzlich kannst du deine Aufgaben in beliebig viele Schritte aufteilen und dadurch deinem individuellen Arbeitsrhythmus anpassen. Dazu ein Beispiel:

Beispiel 1 (Internetanbieter wechseln):

✔ <u>Schritt 1: Aufgabe wählen</u>
Internetanbieter wechseln

✔ <u>Schritt 2: Ziel festlegen</u>
Schnelle Internetverbindung für geringere Kosten erhalten

✔ <u>Schritt 3: Grundbestandteile definieren</u>
Recherchieren/Anbieter vergleichen
Anbieter wechseln
Unterlagen ablegen

✔ <u>Schritt 4 und 5: Einzelne Schritte und Reihenfolge bestimmen</u>
Potenzielle Internetanbieter recherchieren
Auswahl auf fünf Optionen einschränken
Tarife vergleichen
Alten Vertrag kündigen
Neuen Vertrag abschließen
Neue Internetverbindung einrichten
Neue Internetverbindung testen
Vertragsunterlagen ablegen

✎ **Aufgabe**

Bestimme eine Aufgabe und zerstückle sie mithilfe der Salami-Taktik in kleine Teilaufgaben, die du anschließend nacheinander erledigst!

#6 ABC-Analyse

🚩 In einem Satz

Mithilfe der ABC-Analyse kannst du verschiedenen Aufgaben eine Priorität zuordnen und damit der Wichtigkeit nach sortieren.

🏆 So geht's

Deine wirklich wichtigen Aufgaben im Alltag findest du nur, wenn du all deine Aktivitäten analysierst und bewertest. Erst dann wirst du wirklich produktiv sein und deine Zeit sinnvoll einsetzen können. Ein hilfreiches Instrument, um dies zu erreichen, ist die sogenannte ABC-Analyse. Mit diesem Werkzeug kannst du deine To-dos klassifizieren und ihnen verschiedene Prioritäten zuordnen. Danach weißt du, welche Aufgaben für die Erreichung deiner Ziele besonders wichtig sind und an welcher Stelle sich Zeitfresser versteckt halten.

Indem du allen geplanten Aktivitäten eine angemessene Priorität zuordnest, stellst du den Nutzen der jeweiligen Aufgabe in den Fokus und legst damit eine übergeordnete Bearbeitungsreihenfolge fest. Konkret definierst du bei der ABC-Analyse ein Ziel und ordnest allen geplanten Aktivitäten eine Priorität zwischen A, B und C zu. Im Anschluss sortierst du deine Auswahl nach A-, B- und C-Aufgaben und beginnst mit der Abarbeitung. A-Aufgaben stellen die wichtigsten Aufgaben dar (Was muss getan werden?), B-Aufgaben durchschnittlich wichtige Aufgaben (Was soll getan werden?) und C-Aufgaben sind für dein Ziel eher unwichtig (Was kann getan werden?)

Diese Klassifizierung macht deutlich, dass nur wenige Aufgaben für deinen Erfolg ausschlaggebend sind (A-Aufgaben) und maßgeblich zur Erreichung deiner Ziele beitragen. Ein Großteil deiner Zeit wird jedoch mit nebensächlichen Dingen (C-Aufgaben) gefüllt, obwohl diese

Aktivitäten weniger wichtig oder sogar unwichtig sind. Darum gilt nach der ABC-Analyse folgender Merksatz:

✔ Fokussiere A-Aufgaben – setze weniger Zeit für B-Aufgaben und kaum Zeit für C-Aufgaben ein!

In der Regel fallen dir bei der ABC-Analyse und den drei Fragestellungen (Was muss/soll/kann getan werden?) noch weitere Schlüsselaktivitäten ein, die du bisher bei deiner Planung außer Acht gelassen hast. Sollte das passieren, kannst du deine To-do-Liste einfach erweitern; allerdings nicht, ohne die bisher gesetzten Prioritäten nochmal zu überprüfen. Durch das Hinzufügen oder Streichen von Aufgaben muss der Wert jeder Aufgabe erneut analysiert werden. Zum Schluss noch ein paar Tipps für den Praxiseinsatz der ABC-Analyse:

✔ A-Aufgaben sollten sparsam vergeben werden (wirklich nur das Wichtigste!).

✔ Pro Tag sollte nur an ein bis zwei A-Aufgaben gearbeitet werden – dafür aber intensiv (drei bis vier Stunden).

✔ B-Aufgaben sollten ebenfalls nicht zu leichtfertig vergeben werden (ein direkter Einfluss auf das Ziel muss erkennbar sein!).

✔ Pro Tag sollte an zwei bis vier B-Aufgaben gearbeitet werden – nicht zu lange (ein bis zwei Stunden sind ausreichend).

✔ C-Aufgaben sind alle Aktivitäten, die keinen direkten Einfluss auf das Ziel haben (Kleinkram und Routinearbeiten).

✔ Pro Tag sollte nicht länger als eine Stunde an C-Aufgaben gearbeitet werden.

Wenn du deine einzelnen Aktivitäten regelmäßig bewertest und dir bewusst wird, welche Aufgaben dich deinen Zielen näherbringen, hast du einen wesentlichen Schritt zur Verbesserung deines Zeitmanagements vollzogen. Die einfache Unterscheidung zwischen drei Prioritäten (A, B und C) wird deinen Fokus verbessern und dir sofort dabei helfen, Wichtiges von Unwichtigem zu unterscheiden.

✿ Anleitung

Die ABC-Methode ist einfach und kann für jede Art von Zielsetzung verwendet werden. Nach vier kleinen Schritten hast du deine To-do-Liste bewertet:

Schritt 1: Bestimme ein Ziel!
- ✔ Was möchtest du erreichen?

Schritt 2: Bewerte deine Aktivitäten!
- ✔ Welchen Einfluss haben deine Aktivitäten auf dein Ziel?

Schritt 3: Priorisiere nach A-, B- und C-Aufgaben!
- ✔ Was muss, soll und kann für das Ziel getan werden?

Schritt 4: Erledige die A-Aufgaben mit höchster Priorität!
- ✔ Um B- und C-Aufgaben kümmerst du dich erst später!

Versuche, deine Aufgaben möglichst objektiv am Nutzen im Hinblick auf deine wichtigsten Ziele zu bewerten. Sobald du alle Aufgaben deiner To-do-Liste kategorisiert hast, solltest du dein Ergebnis kontrollieren. Innerhalb kürzester Zeit kann sich das eigene Prioritätenspektrum verschieben, was dazu führt, dass deine zuerst bewerteten Aufgaben anders oder falsch eingeschätzt werden.

Die Einordnung deiner Aktivitäten in A-, B- oder C-Aufgaben ist jedes Mal aufs Neue eine individuelle Bewertung. Niemand außer dir selbst kann bestimmen, welche Aufgaben momentan wichtig sind und welche nicht.

Mit etwas Übung wirst du schnell den Dreh heraushaben und deine Prioritäten zielsicher verteilen. Dennoch ist es sinnvoll, deine ABC-Analyse regelmäßig auf den Prüfstand zu stellen, damit die Verteilung deinen aktuellen Interessen entspricht.

★ Beispiel

Sehen wir uns zur Orientierung ein Beispiel an. Angenommen, dies wäre deine To-do-Liste:

- ✔ Frau Meier zurückrufen
- ✔ Abschlussbericht lesen
- ✔ Vortrag für das Meeting vorbereiten
- ✔ Geburtstagsgeschenk für Thomas kaufen
- ✔ E-Mails beantworten
- ✔ Verkaufszahlen recherchieren
- ✔ Friseur
- ✔ Sport machen

Je nach deinem persönlichen Ziel setzt du nun die Prioritäten. Für das Ziel „Meeting vorbereiten" könnte dein Plan so aussehen:

- ✔ Ziel: Du möchtest das morgige Meeting vorbereiten.
- ✔ Nach der ABC-Analyse sieht deine To-do-Liste so aus:

  (C) Frau Meier zurückrufen

  (B) Abschlussbericht lesen

  (A) Vortrag für das Meeting vorbereiten

  (C) Geburtstagsgeschenk für Thomas kaufen

  (C) E-Mails beantworten

  (B) Verkaufszahlen recherchieren

  (C) Friseur

  (C) Sport machen

- ✔ Aktion: Erst bereitest du den Vortrag für das Meeting vor, anschließend liest du den Abschlussbericht und recherchierst die neuen Verkaufszahlen. Alles andere (Kategorie C) muss warten.

✎ Aufgabe

Setze dir ein spezifisches Tagesziel und priorisiere deine Aufgaben mithilfe der ABC-Analyse!

#7 Eisenhower-Matrix

🚩 In einem Satz

Mithilfe der Eisenhower-Matrix kannst du Aufgaben in Kategorien einteilen, zwischen wichtigen und dringenden Aktivitäten trennen und entscheiden, worum du dich zuerst kümmern solltest.

🏆 So geht's

Deine Herausforderungen im Alltag sind vielfältig. Zudem ist häufig nicht auf den ersten Blick zu erkennen, ob es sich um wichtige oder unwichtige Aufgaben handelt, geschweige denn, wie zeitkritisch diese sind. Doch genau diese Unterscheidung ist wichtig für dein Zeitmanagement und bestimmt am Ende des Tages, ob du deinen Zielen nähergekommen bist oder lediglich deine Energie verschwendet hast. Eine Methode des früheren US-Präsidenten Dwight D. Eisenhower kann dir genau bei dieser Kategorisierung helfen und Struktur in deine To-do-Liste bringen: die Eisenhower-Matrix. Diese Methode ist robust und funktioniert immer. Wenn du mit dem Eisenhower-Prinzip arbeitest, stellst du dir bei jeder Aufgabe zwei Fragen:

- ✔ Ist die Aufgabe wichtig oder nicht wichtig?
- ✔ Ist die Aufgabe dringend oder nicht dringend?

Eine Aufgabe gilt dann als wichtig, wenn sie direkte Auswirkungen auf dein übergeordnetes Ziel hat und dir überproportional weiterhilft. Ansonsten ist die Aufgabe als nicht wichtig einzustufen. Aufgaben gelten als dringend, wenn sie zeitnah erledigt werden müssen, weil sie ansonsten ihren Sinn verlieren oder negative Konsequenzen drohen. In allen anderen Fällen (wenn zum Beispiel keine Deadline vorliegt) sind Aufgaben als nicht dringend zu betrachten. Ausgehend von diesen zwei Fragen und den vier verschiedenen Kombinationsmöglichkeiten der Antworten entsteht eine Entscheidungsmatrix, in der jede Aufgabe einen Platz findet. Auf diese Weise lässt sich jede To-do-Liste hinsichtlich eines konkreten Ziels und eines zeitlichen Rahmens bewerten. So sieht die allgemeine Matrix nach Eisenhower aus:

	nicht wichtig, aber dringend	wichtig und dringend
	delegieren	sofort selbst erledigen
	weder wichtig, noch dringend	wichtig, aber nicht dringend
	eliminieren, Papierkorb	terminieren, selbst erledigen

Dringlichkeit — Wichtigkeit

	C-Aufgaben	A-Aufgaben
	delegieren	sofort selbst erledigen
	P-Aufgaben	B-Aufgaben
	eliminieren, Papierkorb	terminieren, selbst erledigen

Dringlichkeit — Wichtigkeit

Wird eine Aufgabe als wichtig und dringend eingestuft (A-Aufgaben), solltest du dich sofort und persönlich darum kümmern. Wichtige Aufgaben, die allerdings nicht dringend sind (B-Aufgaben), werden terminiert und zu einem späteren Zeitpunkt von dir selbst erledigt. Aufgaben, die als dringend, aber nicht wichtig (C-Aufgaben) bewertet werden, können delegiert werden. Ist eine Aufgabe weder wichtig noch dringend, solltest du dich gar nicht um sie kümmern (P-Aufgaben).

Mit dem System von Eisenhower kannst du deine Aufgaben schnell und einfach sortieren. Bewertest du erst einmal alle deine Aktivitäten im Hinblick auf Wichtigkeit und Dringlichkeit, wirst du feststellen, mit wie vielen überflüssigen Dingen du dich täglich beschäftigst. Diese Erkenntnis mag am Anfang hart sein – ist aber notwendig. Denn wenn du das Eisenhower-Prinzip ein paar Wochen lang konsequent anwendest, deine Aufgaben priorisierst und unwichtigen Kleinkram eliminierst, bekommst du die Kontrolle über deine To-do-Listen zurück. Und damit sparst du Zeit. Viel Zeit.

✿ Anleitung

Im Rahmen des Eisenhower-Prinzips schätzt du die Wichtigkeit und Dringlichkeit deiner Aufgaben ein. Diese hängen bei jeder Beurteilung von deinem übergeordneten Ziel und dem zeitlichen Horizont ab. Folgende drei Schritte zeigen dir, wie du dabei vorgehen kannst:

Schritt 1: Bestimme ein übergeordnetes Ziel!
- ✔ Was möchtest du erreichen?

Schritt 2: Bestimme wichtige/unwichtige Aufgaben!
- ✔ Welche Aufgaben helfen dir beim Erreichen deines Ziels?

Schritt 3: Bestimme dringende/nicht dringende Aufgaben!
- ✔ Welche Aufgaben sind dringend/nicht dringend?

Nachdem du deine To-do-Liste bewertet hast, kannst du deine Aufgaben der Priorität nach ordnen. Dabei ergeben sich vier Kategorien in dieser Reihenfolge:
- ✔ A-Aufgaben (wichtig und dringend)
- ✔ B-Aufgaben (wichtig, aber nicht dringend)
- ✔ C-Aufgaben (nicht wichtig, aber dringend)
- ✔ P-Aufgaben (nicht wichtig und nicht dringend)

Beginne zunächst mit der Erledigung der A-Aufgaben und arbeite dich dann durch deine To-do-Liste. Konzentriere dich ausschließlich auf die wesentlichen Aspekte und streiche alle nebensächlichen Aktivitäten.

★ Beispiel

Anhand der beiden Kategorien „Wichtigkeit" und „Dringlichkeit" kannst du alle Herausforderungen in deinem Alltag einordnen und sofort entscheiden, welche Priorität ihnen zugewiesen wird.

Beispiel 1 (A-Aufgaben: wichtig und dringend):

- ✔ Anfrage des besten Kunden bearbeiten
- ✔ Chef zurückrufen
- ✔ Mit dem Kind ins Krankenhaus fahren
- ✔ Miete überweisen
- ✔ Steuererklärung (Frist in 5 Tagen) erledigen

Beispiel 2 (B-Aufgaben: wichtig, aber nicht dringend):

- ✔ Steuererklärung (Frist in 5 Wochen) erledigen
- ✔ Urlaub organisieren
- ✔ Projektbericht schreiben
- ✔ Neukunden akquirieren
- ✔ Zum Zahnarzt gehen

Beispiel 3 (C-Aufgaben: nicht wichtig, aber dringend):

- ✔ Einkaufen
- ✔ Reifen wechseln
- ✔ Kollegin aushelfen
- ✔ Paket zur Post bringen
- ✔ Am wöchentlichen Meeting teilnehmen

Beispiel 4 (P-Aufgaben: nicht wichtig und nicht dringend):

- ✔ Schreibtisch aufräumen
- ✔ Unwichtige E-Mails beantworten
- ✔ Garage ausmisten
- ✔ Preise für Konzert-Tickets recherchieren

✏ Aufgabe

Wende das Eisenhower-Prinzip auf deine To-do-Liste an und trenne zwischen wichtigen/unwichtigen und dringenden/nicht dringenden Aufgaben!

#8 ALPEN-Methode

🚩 In einem Satz

Die ALPEN-Methode beschreibt ein fünfstufiges Konzept, mit dem du einen produktiven Tagesplan entwickeln kannst.

🏆 So geht's

Für ein effizientes Zeitmanagement sind langfristige Pläne unverzichtbar, für konkrete Handlungen und sichtbare Ergebnisse ist allerdings deine Tagesplanung entscheidend. Nur, wenn es dir gelingt, deine überordneten Ziele herunterzubrechen und in tägliche Aktionen umzuwandeln, wirst du schnelle Fortschritte erzielen. Für eine realistische Tagesplanung, die sicherstellt, dass du deinen Tag nicht mit Aufgaben überfrachtest, sondern effizient arbeitest, kannst du die ALPEN-Methode einsetzen. Dieses Konzept von Lothar Seiwert besteht aus fünf Planungsstufen und erfordert nicht viel Zeit in der Umsetzung. Das verbirgt sich hinter der ALPEN-Methode:

- ✔ A: Aufgaben und Termine aufschreiben
- ✔ L: Länge (Dauer) der Aktivitäten schätzen
- ✔ P: Pufferzeiten einplanen
- ✔ E: Entscheidungen treffen
- ✔ N: Nachkontrolle

Zuerst sammelst du alle Aufgaben und Termine, die du an dem betreffenden Tag erledigen möchtest, in einer Liste. Wichtig ist hierbei, dass du deine Planung schriftlich vornimmst. Als nächstes schätzt du die Dauer jeder Aktivität ab. Dafür kannst du auf Erfahrungswerte zurückgreifen oder Vergleiche zu ähnlichen Aufgaben ziehen (allgemein gilt: lieber konservativ schätzen und mehr Zeit einplanen!). Ergänze dazu deine Aufgabenliste und notiere hinter jeder Aktivität die geschätzte

Dauer. Nach diesem Schritt wird oft schon deutlich: Deine Liste ist zu voll – du musst aussortieren! Und damit kommen wir zum nächsten Punkt der ALPEN-Methode: den Pufferzeiten. Egal, wie gut deine Tagesplanung aussieht, sie wird nie zu 100 Prozent aufgehen. Deswegen musst du beim Zusammenstellen deiner täglichen To-dos Pufferzeiten einplanen. Eine bekannte Faustregel aus der Fachliteratur lautet dazu: Verplane nur 50 bis 60 Prozent deiner Arbeitszeit und reserviere den Rest für Unerwartetes! Das wirkt auf den ersten Blick sehr vorsichtig und unproduktiv, die Erfahrung zeigt jedoch: Zeitfresser, Prokrastination, unerwartete Ereignisse, Ablenkungen und Störungen stehlen mehr von unserer Zeit, als wir zunächst wahrnehmen.

Pufferzeiten helfen dir, damit umzugehen und geben dir Spielraum. Spielraum, den du im Zweifel auch zur Regeneration zwischen zwei Aufgaben nutzen kannst (wenn es gut läuft) oder besser in vertiefende Arbeit stecken solltest, wenn du gerade im Flow bist. Nachdem du nun deine Aufgaben (mit jeweiliger Dauer) kennst und dir 50 Prozent deines Tages reserviert hast, musst du entscheiden, welche Aufgaben es von der Liste in deinen Tagesplan schaffen. An dieser Stelle rufst du dir deine übergeordneten Ziele in Erinnerung und konzentrierst dich auf deine wichtigsten Herausforderungen. Setze kluge Prioritäten und entscheide dich bewusst für die Aufgaben, die dich wirklich weiterbringen. Der Rest muss verschoben, gestrichen oder in Überstunden abgearbeitet werden.

Nach diesem Selektionsprozess steht dein neuer Tagesplan im Prinzip fest. Im letzten Schritt der ALPEN-Methode führst du eine kritische Kontrolle deiner Tagesplanung durch. Dabei solltest du ehrlich und objektiv vorgehen, damit deine Planung den größtmöglichen Nutzen für dich erbringt. Frage dich regelmäßig: Ist meine Planung realistisch? Habe ich mir zu viel vorgenommen? Wurden Aufgaben und Zeiten richtig eingeschätzt? An welchen Stellen gab es zuletzt Probleme? Nach dieser Prüfung kannst du dich auf eine zuverlässige und robuste Tagesplanung freuen, die dich entlasten und produktiv durch den Tag führen wird.

⚙ Anleitung

Die ALPEN-Methode ist ein einfaches und flexibles Werkzeug, mit dem du schnell einen klugen Tagesplan erstellen kannst. Nach nur fünf Schritten bist du fertig:

Schritt 1: Aufgaben und Termine aufschreiben!

✔ Was steht auf deiner To-do-Liste?

Schritt 2: Länge (Dauer) der Aktivitäten schätzen!

✔ Wie lange dauern deine einzelnen Aufgaben und Termine?

Schritt 3: Pufferzeiten einplanen!

✔ Verplane maximal 50 bis 60 Prozent deiner Arbeitszeit!

Schritt 4: Entscheidungen treffen!

✔ Welche Aufgaben schaffen es auf deinen Tagesplan?

Schritt 5: Nachkontrolle!

✔ Ist dein Plan sinnvoll und ausgewogen?

Die ALPEN-Methode ist ein dynamischer Prozess. Das bedeutet: Nach Schritt 5 geht es wieder bei Schritt 1 los und die Ergebnisse beeinflussen sich gegenseitig. Achte daher darauf, dass du nicht in eine endlose Planungsschleife gerätst. Beende deine Tagesplanung, wenn diese gut genug ist – perfekt wird sie ohnehin nicht.

★ Beispiel

Dein Tagesplan hängt stark von den gegebenen Rahmenbedingungen und deiner aktuellen Form ab. Es wird zum Beispiel häufig Termine und Fristen geben, die du nicht verschieben kannst und deshalb zwangsweise in deiner Planung berücksichtigen musst. Weiterhin wirst du an einigen Tagen leistungsfähiger und motivierter sein als an anderen. Diese Schwankungen gilt es ebenfalls zu berücksichtigen, wenn du mit der ALPEN-Methode arbeitest. Zur Verdeutlichung der Schritte schauen wir uns ein Beispiel an:

Schritt 1 und 2: Aufgaben aufschreiben/Dauer schätzen!
- ✔ Kundengespräch führen (15 Minuten)
- ✔ Einarbeitung in die neue Software (45 Minuten)
- ✔ Vortrag vorbereiten (45 Minuten)
- ✔ Kollegin zurückrufen (15 Minuten)
- ✔ E-Mails beantworten (30 Minuten)
- ✔ Bewerbungsunterlagen durchsehen (45 Minuten)
- ✔ Projektbericht schreiben (90 Minuten)
- ✔ Ausflug organisieren (60 Minuten)

Schritt 3: Pufferzeiten einplanen!
- ✔ Du hast 8 Stunden (480 Minuten) zur Verfügung. Davon verplanst du 50 Prozent (also 240 Minuten).

Schritt 4: Entscheidungen treffen!
- ✔ Projektbericht schreiben (90 Minuten)
- ✔ Vortrag vorbereiten (45 Minuten)
- ✔ Kundengespräch führen (15 Minuten)
- ✔ Kollegin zurückrufen (15 Minuten)
- ✔ E-Mails beantworten (30 Minuten)
- ✔ Einarbeitung in die neue Software (45 Minuten)

Schritt 5: Nachkontrolle!
- ✔ Ist dein Plan sinnvoll und ausgewogen?

✎ Aufgabe

Plane deinen nächsten Tag mithilfe der ALPEN-Methode und durchlaufe die fünf Schritte!

#9 Getting Things Done

🔖 In einem Satz

Mithilfe der Getting-Things-Done-Methode organisierst du deinen Alltag in Listen und behältst so die Übersicht über alle bevorstehenden, relevanten Aufgaben.

🏆 So geht's

Getting Things Done ist eine Zeitmanagement-Technik von David Allen und basiert auf der Idee, alle anfallenden Aufgaben, Termine und Ideen in Listen zu erfassen. Auf diese Weise behältst du den Überblick im Alltag und erlangst die Kontrolle über komplexe Herausforderungen. Das System der Getting-Things-Done-Methode (kurz: GTD-Methode) schreibt dem Nutzer nicht vor, wie er seine Arbeit zu verrichten hat, sondern legt den Fokus auf das Erfassen und Organisieren von Aufgaben. Damit sorgt diese Technik dafür, dass alles, woran du denken musst, aus dem Kopf verbannt wird. Dadurch bekommst du Klarheit. Alles steht auf deiner To-do-Liste und belastet dich nicht mehr. Die GTD-Methode ist einfach anzuwenden und bringt dir schon nach kurzer Zeit erste Erfolgserlebnisse. Dennoch solltest du einige Grundprinzipien beachten und dich an deren Reihenfolge halten:

- ✔ Sammeln
- ✔ Verarbeiten
- ✔ Organisieren
- ✔ Durchsehen
- ✔ Erledigen

Im ersten Schritt sammelst du alle Aufgaben, die aktuell relevant für dich sind. Dazu gehören alle To-dos von „Gartenzaun streichen" bis „Gehaltsverhandlung führen". Anschließend verarbeitest du diese Punkte und bestimmst, wann du dich damit beschäftigen möchtest. Weiterhin legst du im Rahmen dieser Bewertung konkrete Handlungen fest, wie zum Beispiel „Farbe kaufen" oder „Termin mit meiner Chefin vereinbaren". Dieser zweite Schritt ist besonders wichtig, da du deine Ziele damit in ausführbare Aktivitäten transformierst. Im Anschluss organisierst du deine Aufgaben, indem du sie auf einer To-do-Liste einträgst oder in einem Kalender vermerkst. Wichtig ist, dass du sie aus deinem Gedächtnis verbannst und extern abspeicherst – nur so tritt eine Entlastung ein. Einmal organisiert, solltest du deine Aufgaben regelmäßig durchsehen und überprüfen, damit du die Übersicht behältst und angemessen auf aktuelle Entwicklungen reagieren kannst. Im letzten Schritt entscheidest du auf der Grundlage deiner verfügbaren Zeit und Energie, welche To-dos du von deiner Liste erledigst.

Zur Umsetzung der GTD-Methode empfiehlt David Allen die Verwendung verschiedener Listen, die regelmäßig aktualisiert werden sollten. Dazu gehören:

- ✔ Eingang
- ✔ Projekte
- ✔ Nächste Schritte
- ✔ Warten auf
- ✔ Ideen

In der Eingangsliste werden alle Aufgaben, Termine und Einfälle gesammelt, die dir den Tag über begegnen. Diese werden dann in konkrete Handlungen überführt (siehe oben) oder zu größeren Ablaufplänen hinzugefügt und auf die Projektliste verschoben. Aufgaben, die du als nächstes bearbeiten möchtest, landen von dort auf der Nächste-Schritte-Liste. Solltest du an einer Stelle auf die Hilfe anderer Personen angewiesen sein oder auf relevante Informationen warten müssen, verschiebst du dein Projekt auf die Warten-auf-Liste. Neue Ideen, Einfälle oder Dinge, die du irgendwann einmal erledigen möchtest, kannst du auf der Ideenliste sammeln und später organisieren.

⚙ Anleitung

Die Getting-Things-Done-Methode hilft dir dabei, deinen Alltag ganzheitlich zu organisieren und ein externes Gedächtnis aufzubauen. Beginne hierfür bei deiner aktuellen Ausgangslage und absolviere diese Schritte:

Schritt 1: Verbanne alles aus deinem Kopf!

✔ Schreibe alles auf: jede kleine Aufgabe, Frist oder Erinnerung, die du nicht vergessen darfst.

Schritt 2: Bestimme sofort deine erste Handlung!

✔ Lege für jede Aufgabe konkret fest, was als erstes zu tun ist.

Schritt 3: Bestimme Wichtigkeit und Dringlichkeit!

✔ Bewerte deine Aufgaben und weise ihnen Deadlines zu.

Schritt 4: Ordne deine Liste und speichere sie extern ab!

✔ Kategorisiere deine To-dos und lege sie elektronisch (auf dem Computer/Smartphone) oder auf einer Papierliste ab.

Schritt 5: Überprüfe deine Liste regelmäßig!

✔ Halte dein externes Gedächtnis aktuell und sieh deine organisierten Aufgaben täglich durch.

Für die Umsetzung dieser Methode und insbesondere bei der Verwaltung der verschiedenen Listen sind Software-Lösungen und Apps von großem Nutzen (Trello, Evernote, Wunderlist uvm.).

★ Beispiel

Im Alltag prasseln phasenweise viele Gedanken und Aufgaben auf dich herein. Dazu ein Beispiel: „Morgen findet um 8.00 Uhr ein Meeting statt. Dafür muss ich noch den Bericht ausdrucken. Anschließend muss ich zu meinem Chef; wir planen die Weihnachtsfeier. Abends muss der Müll rausgestellt werden. Davor bin ich mit Lisa verabredet. Ist meine Wohnung aufgeräumt? Wann ist eigentlich die Frist für meine Steuererklärung? Später plane ich meinen nächsten Urlaub in Spanien. Gestern habe ich den Anruf eines guten Kunden verpasst. Später schreibe ich ihm noch eine E-Mail. Nächsten Mittwoch ist Feiertag. Übermorgen endet die Anmeldefrist für das Seminar – nicht vergessen! Ich muss zum Zahnarzt."

Chaos. Unmöglich, bei so vielen Gedanken, die zum Teil gar nicht miteinander zu tun haben, klar zu denken. Mit der GTD-Methode bringst du nun Struktur in diesen Wirrwarr. Und zwar so:

Beruf und Karriere:

- ✔ Am Meeting teilnehmen (8:00 Uhr, in Kalender eintragen!)
- ✔ Bericht ausdrucken (vor 8:00 Uhr, PDF auf USB-Stick!)
- ✔ Termin mit Chef ausmachen (Weihnachtsfeier planen!)
- ✔ Kunde anschreiben (Anruf verpasst!)
- ✔ Anmeldefrist für Seminar läuft aus! (in Kalender eintragen!)

Wohnung und Organisation:

- ✔ Müll rausbringen (Abend!)
- ✔ Wohnung aufräumen (Staubsaugen, Bad putzen...!)
- ✔ Frist für Steuerklärung? (online recherchieren!)
- ✔ Zahnarzt (Termin machen!)
- ✔ Bewerte deine Aufgaben und weise ihnen Deadlines zu.

Freizeit:

- ✔ Verabredung mit Lisa (Hose bügeln!)
- ✔ Spanienurlaub (Hotel heraussuchen!)
- ✔ Mittwoch ist frei (in Kalender eintragen!)

✐ **Aufgabe**

Wende die Getting-Things-Done-Methode an und organisiere deinen Alltag in fünf Listen!

#10 Leistungskurve

🚩 In einem Satz

Leistungskurven beschreiben deinen Biorhythmus und zeigen dir, wann deine produktivsten Phasen am Tag sind.

🏆 So geht's

Deine Leistungsfähigkeit ist über den Tag nicht auf einem konstanten Niveau; sie schwankt und richtet sich nach deinem Biorhythmus. Das heißt konkret: Es gibt Tagesphasen, in denen du sehr produktiv bist und eine Aufgabe nach der anderen erledigst. Es gibt aber auch Zeiten, in denen du gar nichts auf die Reihe bekommst und anspruchsvolle Arbeiten das Letzte sind, was du tun solltest. Diese Schwankungen spiegeln sich in deiner Leistungskurve wider. Diese Kurve zeigt dir, zu welcher Tageszeit sich deine Leistungsfähigkeit über oder unter deinem Grundniveau von 100 Prozent befindet. Damit kannst du direkte Rückschlüsse auf deine Konzentration und Motivation ziehen und besser abschätzen, wann du dich mit welcher Aufgabe beschäftigen solltest.

Für einen sogenannten Morgenmenschen könnte ein typischer Tagesverlauf so beschrieben werden: Ab 6:00 Uhr steigt die Leistungsfähigkeit an und erreicht ein erstes Hoch gegen 10:00 Uhr. Danach fällt die Kurve ab und leitet gegen 14:00 Uhr das Mittagstief ein. Abends – gegen 20:00 Uhr – entsteht noch ein zweites Hoch, bevor es dann Richtung Bett und Tiefschlafphase geht. Insgesamt gibt es also jeweils zwei dominante Hochs und Tiefs in diesem Tagesablauf (siehe Abbildung). Jeder Mensch hat einen individuellen Biorhythmus und seine eigene, persönliche Leistungskurve. Vorgefertigte Konzepte wie das Beispiel von oben kannst du daher nicht eins zu eins übernehmen. Doch zum Glück gibt neben diesem Exemplar noch unzählige weitere Variationen deiner Leistungskurve: Sie kann noch weiter nach rechts verschoben sein und selbstverständlich auch mehr oder weniger als zwei Hochs und Tiefs besitzen. Die Schwankungen können außerdem auch stärker oder schwächer ausfallen. Es gibt unendlich viele Möglichkeiten.

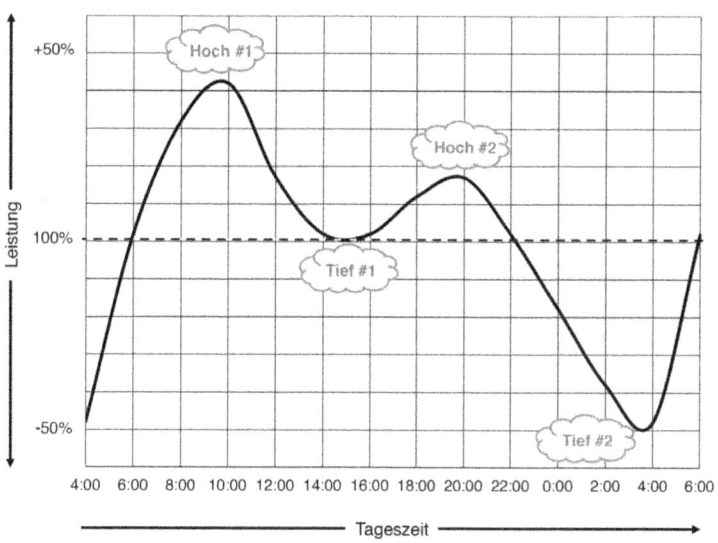

Keine Leistungskurve ist an sich gut oder schlecht – keine Version ist besser als eine andere. Sie sind einfach verschieden. Wichtig ist nur, dass du deine Leistungskurve kennst und deine Hochs und Tiefs klug nutzt. Dabei legst du anspruchsvolle Aufgaben in deine Hochphasen und arbeitest dann an wichtigen Projekten, wenn deine Leistungsfähigkeit am stärksten ausgeprägt ist. Wenn du dich in einem Leistungstief befindest, solltest du nicht gegen deinen biologischen Rhythmus ankämpfen, sondern versuchen zu entspannen und diese Phase für Routineaufgaben und soziale Kontakte nutzen. Sobald du deinen Tagesrhythmus kennst und dir deine Aufgaben entsprechend einteilst, wirst du deutlich effizienter arbeiten und bessere Ergebnisse produzieren. Außerdem sparst du damit Zeit und Energie.

⚙ Anleitung

Wenn du in deinem Zeitmanagement deinen Biorhythmus berücksichtigst, arbeitest du effizienter und motivierter. Dazu musst du deine eigene Leistungskurve finden und wissen, wann deine Hoch- und Tiefphasen sind. Nutze dazu ein Gitternetz wie aus dem Diagramm und notiere für jede Uhrzeit den Eindruck deiner Leistungsfähigkeit.

Zugegeben: Dieses Vorgehen ist keine exakte Wissenschaft, doch es führt zu passablen Ergebnissen, die dich schnell weiterbringen. Diese Fragen helfen dir zusätzlich dabei, deine Leistungskurve genauer zu definieren:

- ✔ Wann stehst du auf?
- ✔ Zu welchen Zeiten kannst du dich gut konzentrieren?
- ✔ Wann fällt es dir leicht, mit der Arbeit anzufangen?
- ✔ Wann bist du besonders produktiv?
- ✔ Zu welchen Zeiten machst du Pause?
- ✔ Wann isst du?
- ✔ In welchen Phasen am Tag läuft bei dir gar nichts?
- ✔ Wann bist du häufig abgelenkt und unaufmerksam?
- ✔ Zu welchen Zeiten hast du Lust auf soziale Kontakte?
- ✔ Wann gehst du ins Bett?

Versuche deine Leistungsfähigkeit im Laufe des Tages bewusst zu beobachten und halte fest, wann du dich in welchem Zustand befindest. Schon nach kurzer Zeit wirst du wiederkehrende Muster erkennen und deinen Biorhythmus besser verstehen.

★ Beispiel

Zur Bestimmung deiner Leistungskurve reicht es manchmal schon aus, wenn du dir ein paar grundlegende Gedanken zu deiner Arbeitsweise und deiner Tagesform machst.

Wenn du zum Beispiel nicht zur Morgenmenschfraktion gehörst, ist deine Leistungskurve automatisch horizontal verschoben – und mit ihr deine Hochs und Tiefs. Deine erste produktive Phase beginnt dann nicht morgens um 6:00 Uhr, sondern am späten Vormittag. Deine Leistungskurve könnte dann so aussehen:

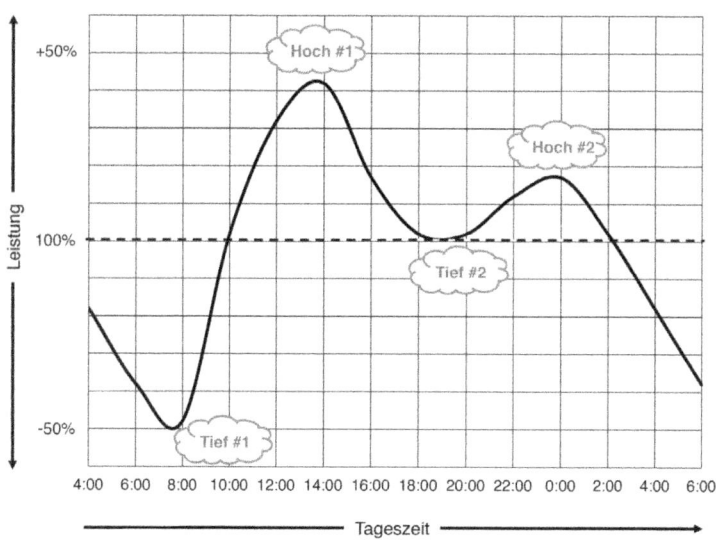

✏ Aufgabe

Bestimme deine persönliche Leistungskurve und plane deine Aktivitäten für den nächsten Tag entsprechend ein!

#11 Planungsebenen

Mit dem Einsatz von Planungsebenen kannst du kurzfristige und langfristige Ziele planen und strukturiert umsetzen.

🏆 **So geht's**

Beim Planen geht es darum, die eigene Zukunft in die Gegenwart zu holen, sodass du jetzt schon an ihr arbeiten kannst. So weit, so gut. Die Frage ist nur: Wie weit soll man in die Zukunft gehen? Wie lange soll man vorausplanen? Am besten so weit wie möglich. Je weiter du in die Zukunft schaust und je genauer du dein Leben planst, desto nachhaltiger und zusammenhängender wird deine Strategie. Deine großen, übergeordneten Ziele hast du somit immer im Blick und kannst deine kurzfristigen Vorhaben daran ausrichten. Es gibt dabei häufig nur ein Problem: Je weiter du planst, desto unsicherer und unflexibler werden deine Überlegungen. Wenn du zum Beispiel jetzt schon planst, wie dein Alltag in sieben Jahren aussehen soll, lehnst du dich ganz schön weit aus dem Fenster. Darum sollte deine Strategie lauten:

✔ Planen – ja! Auch gerne langfristig, aber in Etappen und auf verschiedenen Stufen.

Und genau dabei kann dir das Konzept der Planungsebenen helfen. Hierzu legst du Pläne für unterschiedlich lange, aufeinander aufbauende Abschnitte in deinem Leben fest. Auf diese Weise stellst du sicher, dass du einerseits möglichst weit in die Zukunft planst und andererseits den Bezug zur Gegenwart behältst, damit deine Pläne konkret und realistisch bleiben. Mit diesem System kannst du deine Planung langfristig ausrichten, bleibst aber trotzdem flexibel und kannst reagieren, falls sich deine aktuellen Rahmenbedingungen oder persönliche Präferenzen ändern. Für dein ganzheitliches Zeitmanagement kannst du mit

Jahresplänen arbeiten und deine Strategie dann auf Monate, Wochen und Tage herunterbrechen. Konkret könnte das dann so aussehen:

→ Fünf-Jahresplan
   → Drei-Jahresplan
      → Jahresplan
         → Monatsplan
            → Wochenplan
               → Tagesplan

Nach diesem Modell würdest du zuerst einen übergeordneten Fünf-Jahresplan festlegen. Hierin stehen deine grundlegenden strategischen Ziele, wie zum Beispiel: beruflicher Erfolg, Mutter/Vater werden, Haus bauen und so weiter. Danach planst du etwas feiner, stellst einen Drei-Jahresplan auf und planst dann das einzelne Jahr genauer durch. Daraus ergeben sich dann 12 Monatspläne, 52 Wochenpläne und am Ende 365 Tagespläne.

Natürlich machst du das nicht alles auf einmal und legst fest, was du am 3. Oktober 2045 tun wirst. Deine Pläne sollten aber mindestens so aktuell sein, wie die vorherige Planungseinheit auf der Ebene: Deine Tagespläne werden täglich (am Vortag) festgelegt; die Wochenplanung wird wöchentlich (in der Woche zuvor) von dir aktualisiert und so weiter. Langfristige Pläne (wie deine Fünf- oder Drei-Jahresplanung) werden üblicherweise jährlich kontrolliert und angepasst.

Diese Stufen dienen primär der Orientierung und sollen Impulse für konkrete Monats-, Wochen- oder Tagespläne geben. Je ausgewogener deine Planung ausfällt und je erreichbarer dir die gesetzten Ziele erscheinen, umso höher ist deine Motivation, an dem Plan zu arbeiten – und damit die Wahrscheinlichkeit, dass du am Ende alle Aufgaben zufrieden von deiner To-do-Liste abhaken kannst.

⚙ Anleitung

Das Konzept der Planungsebenen folgt keinen offiziellen Regeln. Es ist nicht einmal vorgegeben, wie viele Ebenen du zur Planung nutzen solltest oder in welchen zeitlichen Abständen deine Pläne zu überarbeiten sind. Die Angaben aus dem vorherigen Abschnitt sind persönliche Vorschläge von mir. Nicht mehr und nicht weniger. Wichtig ist nur, dass du in Ebenen denkst und planst – und dies schriftlich und regelmäßig durchführst. Die folgenden Schritte können dich bei diesem Vorgehen unterstützen:

Schritt 1: Bestimme, wie langfristig du planen möchtest!
  ✔ Möchtest du ein, zwei, drei oder zehn Jahre weit planen?

Schritt 2: Wähle eine kurzfristigste Planungseinheit!
  ✔ Möchtest du auf Tages-, Wochen- oder Monatsbasis planen?

Schritt 3: Unterteile deinen Planungszeitraum!
  ✔ Welche Planungsebenen möchtest du berücksichtigen?

Schritt 4: Erstelle deine Pläne!
  ✔ Welche Ziele und Aktivitäten kannst du direkt planen?

Schritt 5: Leg Aktualisierungszeitpunkte fest!
  ✔ Zu welchen regelmäßigen Zeitpunkten möchtest du deine Pläne korrigieren und überarbeiten?

Es spricht nichts dagegen, deine Planungsebenen hin und wieder zu ergänzen oder überflüssige Ebenen zu streichen. Du solltest jederzeit das Gefühl haben, dass ein solider Fahrplan deiner Zukunft vor dir liegt. Gleichzeit darf deine Planung nicht zu kleinschrittig sein, denn sonst verzettelst du dich und bist mehr mit dem Planen als mit dem Erreichen deiner Ziele beschäftigt.

★ Beispiel

Richtiges Planen ist gar nicht so einfach. Besonders dann nicht, wenn du es noch nie (oder nur sehr selten) mit System gemacht hast. Damit du bei deiner täglichen Planungsarbeit nicht die Übersicht verlierst, schauen wir uns jetzt noch ein paar Best-Practice-Beispiele für die Umsetzung an.

Beispiel 1 (schriftlich planen):

- ✔ Pläne funktionieren nicht, wenn du sie nur im Kopf hast. Deshalb musst du schriftlich planen und alle Pläne, egal aus welcher Ebene, aufschreiben. Erst auf Papier werden aus deinen Ideen übersichtliche Listen, die du abarbeiten kannst.

Beispiel 2 (flexibel planen):

- ✔ Deine Pläne dürfen niemals statisch sein und dich einengen. Damit würdest du dich nur selbst unter Druck setzen und dich blockieren. Plane immer flexibel und reagiere schnell auf unerwartete Ereignisse oder neue Rahmenbedingungen. Dein Planungsprozess muss sich dynamisch an dein Leben anpassen – nicht umgekehrt.

Beispiel 3 (regelmäßig planen):

- ✔ Plane regelmäßig – am besten täglich. Lege dir jeden Abend, bevor du ins Bett gehst, einen Plan für den nächsten Tag zurecht und sammle alle wichtigen Aufgaben. Das hat einen großen Vorteil: Wenn du deine Tagesplanung am Abend vorher aufstellst, arbeitet dein Unterbewusstsein, während du schläfst, an deinen neuen Vorhaben.

✎ Aufgabe

Nutze das Konzept der Planungsebenen und strukturiere deine Ziele und Aufgaben für das aktuelle Jahr!

#12 Parkinson'sches Gesetz

🚩 In einem Satz

Nach dem Parkinson'schen Gesetz dehnt sich Arbeit in genau dem Maß aus, wie Zeit für ihre Erledigung zur Verfügung steht – dies kannst du nutzen, um kluge Deadlines zu setzen.

🏆 So geht's

Viele Menschen gehen sehr verschwenderisch mit ihrer Zeit um, weil sie es nicht anders gewohnt sind oder weil sie sich am Verhalten ihres Umfelds orientieren. Das gilt für Unternehmer, Angestellte, Studenten, Rentner und viele mehr. Schuld daran ist unsere Achtstunden-Kultur. Sie fördert das Denken in der Kategorie: „Wenn ich schon acht, neun oder zehn Stunden zur Verfügung habe, sollte ich diese Zeit auch dazu nutzen, um meine Aufgaben zu erledigen." An sich ist das ein verständlicher Ansatz, doch mit Produktivität hat dieses Vorgehen wenig zu tun. Es ist nichts weiter als eine willkürliche Festlegung, denn die Dauer einer Aufgabe sollte nicht von der verfügbaren Zeit, sondern von deren Komplexität und der Qualität der Lösung abhängen. In der Regel lässt sich jedoch das genaue Gegenteil beobachten. Diesen Zusammenhang hat der britische Soziologe Cyril Parkinson untersucht und das Ergebnis seiner zahlreichen Studien in dem nach ihm benannten Gesetz zusammengefasst:

> ✔ Eine Aufgabe dehnt sich in genau dem Maß aus, wie Zeit für ihre Erledigung zur Verfügung steht.

Aufgaben ohne genaue Terminierung sind unendlich lang dehnbar und nehmen riesige Zeitfenster ein. Produktives Arbeiten ist fast nicht möglich, weil wir wahre Meister darin sind, uns selbst zu sabotieren und nach Ablenkungen zu suchen. Eine zeitnahe Deadline aber schärft unseren Fokus. Wir werden dazu gezwungen, uns auf die wichtigen Dinge zu konzentrieren, weil keine Zeit für Nebensächlichkeiten bleibt. Aus diesem Grund sind Deadlines so nützlich; unbequem und nervig, aber nützlich. Wenn dir 24 Stunden Zeit bleiben, um einen Bericht zu schreiben, bist du unter diesem Zeitdruck gezwungen, dich auf das absolut Notwendigste zu konzentrieren. Du musst Prioritäten setzen, Unwesentliches ausblenden und effizient arbeiten. Am nächsten Tag ist der Bericht fällig – du darfst keine Zeit verlieren! Wenn du eine Woche Zeit hast, wirst du die ersten Tage mit unproduktivem Kram vertrödeln, dich mit vielen Kleinigkeiten aufhalten und zum Ende hin immer fokussierter an dem Bericht schreiben. Wenn du aber – Gott bewahre – einen Monat lang Zeit hast, verzettelst du dich komplett, arbeitest viel zu perfektionistisch, recherchierst jedes noch so unwichtige Detail und kannst eine effiziente Arbeitsweise vergessen.

Aus diesem Grund solltest du so häufig wie möglich mit Deadlines arbeiten und dir das Parkinson'sche Gesetz zunutze machen. Wichtig ist dabei, dass du dir selbst verbindliche und zeitnahe Fristen setzt – und diese dann auch einhältst. Deadlines, die erst in mehreren Wochen oder Monaten relevant werden, bringen dich nicht weiter. Solche Termine bauen nur mentalen Druck auf und verleiten dich dazu, ineffizient zu arbeiten. Genauso wenig helfen dir Deadlines, die überhaupt keinen Druck auf dich ausüben. Wenn du schon von Anfang an weißt, dass ein Überschreiten der Frist keine Konsequenzen für dich haben wird, ist deine Deadline nicht nützlich, sondern sinnlos.

Bei externen, vorgegebenen Deadlines, die weit in der Zukunft liegen, unterteilst du das übergeordnete Ziel in Zwischenschritte und setzt dir selbst verbindliche Fristen. So wirst du nicht abgelenkt und kannst dich auf das Wesentliche konzentrieren. Ziel dabei ist es, dass du deine große Deadline zwar im Blick behältst, dich aber zuerst auf die zeitnahen Mini-Deadlines fokussierst und dadurch produktiv arbeitest.

⚙ Anleitung

Das Parkinson'sche Gesetz kannst du auf alle Bereiche deines täglichen Lebens anwenden. Besonders hilfreich ist es bei unangenehmen Aufgaben oder jenen Herausforderungen, die viel Zeit in Anspruch nehmen. An der folgenden Anleitung kannst du dich bei der Umsetzung orientieren:

Schritt 1: Definiere eine Aufgabe und formuliere diese schriftlich!
- ✔ Was möchtest du tun?

Schritt 2: Weise deiner Aufgabe eine zeitnahe Deadline zu!
- ✔ Wann soll die Aufgabe erledigt sein?

Schritt 3: Sorge für Verbindlichkeit!
- ✔ Welche Konsequenzen drohen beim Verpassen der Deadline?

Mit dem dritten Schritt baust du persönlichen Druck auf und verleihst deiner Deadline damit Kraft. Achte an dieser Stelle auf ein sinnvolles Maß, damit du auf der einen Seite nicht unter zu starken Stress gerätst, auf der anderen Seite aber nicht nachlässig wirst.

Außerdem kann es hilfreich sein, künstliche Deadlines zu erzeugen, indem du zum Beispiel eine Aufgabe 15 Minuten vor einem festen Telefontermin beginnst oder auf eine halbe Stunde vor Feierabend legst. Auf diese Weise bist du gezwungen, in der verfügbaren Zeit fertig zu werden, weil du sonst andere Fristen und Termine vernachlässigen würdest.

★ Beispiel

Deadlines sind nützlich und können dich zu Höchstleistungen motivieren. Allerdings nur, wenn du sie richtig einsetzt, sodass sie dich fordern – aber nicht überfordern. Mit verbindlichen Deadlines in naher Zukunft kannst du deine Produktivität deutlich erhöhen. Wichtig ist, dass du allen Aufgaben eine genaue Frist zuordnest und dich auch daran hältst.

Beispiel 1 (kleine, nahe Deadlines):

- ✔ „Heute um 16:00 Uhr ist meine neue Präsentation fertig!"
- ✔ „Morgen um 18:00 Uhr habe ich den Brief verschickt!"
- ✔ „Freitag um 10:00 Uhr steht mein nächster Arzttermin!"

Bei vorgegebenen Deadlines, die weit in der Zukunft liegen, zerteilst du das übergeordnete Ziel in Zwischenschritte und setzt dir selbst kleine Deadlines. Dadurch kommst du deinem großen Ziel langsam und gemütlich näher, ohne am Ende gestresst und unmotiviert zu sein.

Beispiel 2 (große, entfernte Deadlines):

- ✔ Große Deadline: Abgabe des Projektberichts in zwei Monaten.
- ✔ Kleine Deadlines: Du verteilst die zu schreibenden Kapitel auf acht Wochen und legst dazu immer eine Frist fest:
  1. Woche: Kapitel 1
  2. Woche: Kapitel 2
  3. Woche: Kapitel 3
  ...
- ✔ Damit deine kleinen Deadlines auch genug Druck aufbauen, kannst du dich zum Beispiel in jeder Woche mit deiner Chefin oder einem Kollegen treffen und deine bisherigen Arbeiten besprechen.

✎ Aufgabe

Nutze das Parkinson'sche Gesetz und bestimme für jede deiner aktuellen Aufgaben eine verbindliche Deadline – und halte dich daran!

#13 Time Boxing

🔖 In einem Satz

Beim Time Boxing bestimmst du einen zeitlichen Rahmen für eine oder mehrere Aufgaben und arbeitest diese Zeitboxen konzentriert ab.

🏆 So geht's

Time Boxing ist ursprünglich eine Methode aus dem Projektmanagement und wird dazu eingesetzt, komplexe Aufgaben in feste Zeitblöcke einzuteilen. Durch diese Aufteilung wird die Aufgabenstruktur klar und gleichzeitig übertriebener Perfektionismus vermieden. Zudem begünstigt der zeitliche Rahmen eine schnelle und konsequente Erledigung der Aufgabe. Eine Zeiteinheit (Time Box) sollte dabei eher klein und nicht zu groß gewählt werden, damit die Vorzüge dieser Technik voll ausgeschöpft werden können. Eine kurze Bearbeitungszeit hat nicht nur großen Einfluss darauf, wie lange wir brauchen, um eine Aufgabe zu erledigen, sie bestimmt auch, wann der größte Fortschritt zur Fertigstellung erreicht wird. Und genau das ist der Kern der sogenannten Edwards-Regel. Sie lautet:

✔ Der investierte Aufwand in die Erledigung einer Aufgabe steigt umgekehrt proportional zur verbleibenden Zeit.

Oder auf Deutsch: Je weniger Zeit du für eine Aufgabe hast, umso mehr legst du dich ins Zeug. Bleibt dir allerdings noch viel Zeit bis zur Deadline, wirst du nur mit minimalem Einsatz an deiner Aufgabe arbeiten. Sollte dir dieses Verhalten bekannt vorkommen und du dich darin wiedererkennst, bist du nicht allein. Fast alle Menschen folgen der Edwards-Regel, wenn sie keine bewussten Maßnahmen ergreifen, um von Anfang an produktiv an einer Aufgabe zu arbeiten. Immer, wenn sich eine Deadline weit in der Zukunft befindet und du keinen Druck verspürst, wirkt das wie eine Einladung zum Nichtstun. Denn noch ist deine Situation komfortabel und es gibt keinen Anlass, aktiv zu werden. Erst wenn einige Zeit verstrichen ist, beginnst du langsam mit den Vorbereitungen und startest gemächlich mit deiner Aufgabe. Sobald die Deadline aber in greifbare Nähe rückt und der Druck zunimmt, krempelst du die Ärmel hoch und wirst produktiv. Je näher die Deadline rückt, desto größer werden deine Entschlossenheit und dein Einsatz. Mit der Time-Boxing-Methode führst du diesen Zustand bewusst herbei und kannst ihn zielsicher in deinem Alltag einsetzen.

Time Boxing kann auf zwei verschiedene Arten ausgelegt werden: zeitorientiert oder aufgabenorientiert. Beim zeitorientierten Time Boxing legst du konkrete Zeiteinheiten über den Tag verteilt fest und arbeitest mit dieser Struktur an deinen Aufgaben. Dabei kannst du deinen Tag zum Beispiel in 30-Minuten-Einheiten oder 60-Minuten-Einheiten aufteilen. Es geht aber auch feiner: Wenn du mit einer Vielzahl an Aufgaben konfrontiert wirst und schnell reagieren musst, eignen sich auch 15-Minuten-Einheiten oder gar 5-Minuten-Einheiten – je nach deiner aktuellen Situation. Das aufgabenorientierte Time Boxing funktioniert etwas anders. Bei diesem Ansatz legst du zuerst deine Aufgaben fest und bestimmst für jedes To-do eine passende Time Box, in der du dich mit diesem beschäftigen möchtest: Aufgabe 1 (30 Minuten), Aufgabe 2 (15 Minuten), Aufgabe 3 (20 Minuten) und so weiter. Dies führt einer variablen, ungleichen Tagesstruktur, wird aber dem individuellen Charakter deiner Aufgaben besser gerecht. Beide Arten des Time Boxing funktionieren und führen zu einer Erhöhung deiner Produktivität.

Beim Time Boxing ist jedoch auch Fingerspitzengefühl gefragt: Wählst du deine Zeiteinheiten unpassend aus, besteht die Gefahr, dass du entweder ineffizient arbeitest oder viel zu gestresst durch deine Zeiteinheit hetzt. Probiere daher verschiedene Zeiteinheiten aus, bis du deine optimale Dauer gefunden hast. Solltest du dich bei deiner Arbeit im Flow – einem überaus produktiven Zustand – befinden, kann Time Boxing wie eine Bremse wirken und deinen Schwung zunichtemachen. In diesem Fall kann das Weitermachen über deine Zeiteinheit hinaus die bessere Lösung sein.

✿ Anleitung

Die Time-Boxing-Methodik kann für komplexe Aufgaben, aber auch für kurze To-dos eingesetzt werden. Für ein aufgabenorientiertes Time Boxing kannst du dich an diese vier Schritte halten:

Schritt 1: Definiere ein Ziel!
- ✔ Was möchtest du erreichen?

Schritt 2: Bestimme eine Aufgabe, um dein Ziel zu erreichen!
- ✔ Was musst du dafür tun?

Schritt 3: Leg eine Zeiteinheit für deine Aufgabe fest!
- ✔ Wie lange möchtest du an deiner Aufgabe arbeiten?

Schritt 4: Reserviere die Zeiteinheit in deinem Kalender!
- ✔ Wann wirst du an deiner Aufgabe arbeiten?

Beim zeitorientierten Ansatz musst du deine Vorgehensweise anpassen und deine Zeiteinheiten zuerst festlegen. Eine entsprechende Anleitung könnte so aussehen:

Schritt 1: Bestimme Zeiteinheiten für deine Tagesstruktur!
- ✔ Wie möchtest du deinen Tag zeitlich einteilen?

Schritt 2: Leg ein Ziel für jede Zeiteinheit fest!
- ✔ Was möchtest du erreichen?

Schritt 3: Bestimme eine Aufgabe, um dein Ziel zu erreichen!
- ✔ Was musst du dafür tun?

Schritt 4: Reserviere die Zeiteinheit in deinem Kalender!
- ✔ Wann wirst du an deiner Aufgabe arbeiten?

★ Beispiel

Time Boxing ist ein individueller Ansatz zur Aufgabenplanung. Das heißt: Du kannst deine Zeitintervalle ganz nach deinem persönlichen Geschmack bestimmen; es gibt keine richtige oder falsche Länge. Zur Orientierung sehen wir uns zwei Beispiele dazu an:

Beispiel 1 (aufgabenorientiert):
- ✔ 8:00-8:30 Uhr: Anrufe erledigen
- ✔ 8:30-9:00 Uhr: E-Mails beantworten
- ✔ 9:00-9:15 Uhr: Pause
- ✔ 9:15-10:00 Uhr: Meeting vorbereiten
- ✔ 10:00-10:15 Uhr: Angebot für Kunden erstellen
- ✔ 10:15-10:45 Uhr: Gespräch mit Frau Meier führen
- ✔ 10:45-11:00 Uhr: Quartalsbericht lesen
- ✔ 11:00-12:00 Uhr: Weiterbildungs-Webinar
- ✔ 12:00-13:00 Uhr: Mittagspause
- ✔ ...

Beispiel 2 (zeitorientiert):
- ✔ 8:00-8:30 Uhr: Aufgabe 1
- ✔ 8:30-9:00 Uhr: Aufgabe 2
- ✔ 9:00-9:30 Uhr: Aufgabe 3
- ✔ 9:30-10:00 Uhr: Aufgabe 4
- ✔ 10:00-10:30 Uhr: Aufgabe 5
- ✔ 10:30-11:00 Uhr: Aufgabe 6
- ✔ 11:00-11:30 Uhr: Aufgabe 7
- ✔ 11:30-12:00 Uhr: Aufgabe 8
- ✔ 12:00-13:00 Uhr: Mittagspause
- ✔ ...

✐ Aufgabe

Wende Time Boxing an und bestimme fünf produktive Zeiteinheiten für deinen nächsten Tag!

#14 Task Chunks

🚩 **In einem Satz**

Task Chunks sind gebündelte Aufgaben und entstehen durch das Sortieren ähnlicher To-dos, die du in effizienten Blöcken erledigen kannst.

🏆 **So geht's**

Die Herausforderungen und Informationen, die täglich auf dich hereinprasseln, haben etwas mit den Aufgaben auf deiner To-do-Liste gemeinsam: Sie sind in der Regel ungeordnet. Ihre Reihenfolge ist willkürlich und folgt keiner natürlichen Ordnung. Würdest du dich sofort um all das kümmern, womit du in Berührung kommst, wärst du zwar beschäftigt – aber alles andere als produktiv. Du würdest von Aufgabe zu Aufgabe springen und dich jedes Mal neu in die Arbeitsroutinen und Prozesse eindenken müssen. Dabei geht nicht nur Energie, sondern auch viel Zeit verloren. Es ist dementsprechend sinnvoll, ähnliche und verwandte Aufgaben in Blöcken zusammenzufassen und diese dann gebündelt hintereinander zu bearbeiten. Diese Bündelung wird als Chunking bezeichnet; die entsprechenden Aufgabenblöcke sind die sogenannten Task Chunks. Für die systematische Bildung von Task Chunks brauchst du einen kontinuierlichen Prozess, mit dem du deine Aufgaben regelmäßig aufnehmen, ordnen und in einem pragmatischen Ablagesystem verstauen kannst. Hierfür brauchst du nur drei kleine Schritte zu durchlaufen:

- ✔ Aufnehmen
- ✔ Ordnen
- ✔ Ablegen

Solch einen Prozess kannst du ganz einfach in deinen Tagesablauf einbauen und damit die Organisation deiner Arbeitsweise verbessern. Einmal oder mehrmals täglich nimmst du alle Informationen, Aufgaben und

Verpflichtungen auf und verschaffst dir einen Überblick. Als nächstes sortierst du diese Eingänge, vergibst Prioritäten und siebst aus. Danach sammelst du deine wichtigen Aufgaben auf einer To-do-Liste und legst die dazugehörenden Informationen so ab, dass du sie schnell wiederfindest. Dein Arbeitsablauf sieht dann in etwa so aus:

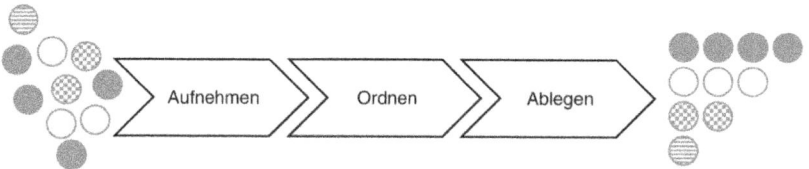

Während du am Anfang noch einen unordentlichen Schwall an Aufgaben vor der Brust hast, steht am Ende des Prozesses eine übersichtliche Zusammenstellung, die du viel leichter durchschauen und abarbeiten kannst. Außerdem schafft dein Ablagesystem Ordnung innerhalb und außerhalb deines Kopfes, was zusätzlich Zeit spart und deine Nerven schont. Zum Vergleich: Deine alte Denkweise war: „Ich muss mich sofort mit allem beschäftigen, was mir in den Kopf oder auf den Tisch kommt." Deine neue Strategie lautet: „Ich sammle erst alle Informationen und Aufgaben an einem Ort, sortiere diese anschließend und beschäftige mich zu einem späteren Zeitpunkt damit."

Das Chunking erfolgt nach keinen festen Vorgaben, sondern richtet sich nach der inhaltlichen und zeitlichen Ausrichtung der Aufgaben: To-dos, die ähnliche Arbeitsschritte erfordern, vergleichbare Rahmenbedingungen haben oder die gleichen Hilfsmittel benötigen, können leicht zu einem Task Chunk zusammengefasst werden. Kurze (Teil-)Aufgaben eignen sich dabei eher für eine Bündelung als große Aufgaben, die für sich genommen schon viel Zeit in Anspruch nehmen. Diese können im Zweifel in einzelne Arbeitsschritte aufgeteilt und im Nachhinein zu den passenden Task Chunks hinzugefügt werden.

⚙ Anleitung

Für die Aufgabenbündelung kommen besonders Routineaufgaben in Betracht, da diese regelmäßig auftreten und gut planbar sind. Sie bilden somit das Grundgerüst für eine Tagesplanung, die auf Task Chunks basiert. So kannst du dabei vorgehen:

Schritt 1: Sammle alle Aufgaben auf einer Liste!
- ✔ Mit welchen To-dos wirst du aktuell und zukünftig konfrontiert?

Schritt 2: Ordne deine Aufgaben!
- ✔ Kannst du gewisse Aufgaben in Kategorien zusammenfassen?

Schritt 3: Organisiere ähnliche Aufgaben in Task Chunks!
- ✔ An welchen Stellen ist eine Aufgabenbündelung sinnvoll?

Schritt 4: Plane Task Chunks fest ein!
- ✔ Wann wirst du dein Aufgabenbündel erledigen?

Einige Aufgaben lassen sich nicht in Task Chunks integrieren, weil diese zeitkritisch sind und so schnell wie möglich erledigt werden müssen. Achte daher darauf, welche Deadlines deine Aufgaben haben, damit du dich nicht verplanst. Sollten andere Personen an der Bearbeitung deiner Projekte beteiligt sein, musst du ebenfalls kritisch prüfen, ob ein Chunking in Betracht kommt.

Weiterhin ist es hilfreich, den einzelnen Task Chunks feste Zeitblöcke zuzuordnen, in welchen du dich ausschließlich mit den jeweiligen Aufgabenbündeln auseinandersetzt. Dies hat zwei Vorteile: Erstens arbeitest du konzentrierter und zweitens zwingt dich die Deadline dazu, fokussiert zu bleiben. Damit bilden Task Chunks eine gute Ergänzung zu anderen Zeitmanagement-Methoden.

★ Beispiel

Beim Chunking kommt es auf deine analytischen und organisatorischen Fähigkeiten an. Nur, wenn du deine Aufgaben klug aufteilst und sortierst, kannst du effiziente Task Chunks bilden. Sieh dir dazu die folgenden Beispiele an:

Beispiel 1 (Routineaufgaben, E-Mails):
- ✔ E-Mail an Frau Meier schreiben
- ✔ E-Mail an Kunde 1 formulieren
- ✔ E-Mail von Kunde 2 beantworten
- ✔ E-Mail vom Chef lesen
- ✔ Spam-E-Mails löschen

Beispiel 2 (Recherche):
- ✔ Recherche zu dem neuen Projektbericht absolvieren
- ✔ Recherche zum Meeting nächste Woche durchführen
- ✔ Recherche für das neue Kundenangebot anfordern
- ✔ Recherche des Praktikanten prüfen
- ✔ Recherche für den nächsten Urlaub beginnen

Beispiel 3 (Ablage):
- ✔ Schreibtisch aufräumen
- ✔ Dokumente einscannen
- ✔ Dokumente abheften
- ✔ Büromaterial prüfen
- ✔ Steuerunterlagen sortieren

✏ Aufgabe

Nutze Task Chunks für deine nächste Tagesplanung und bündle die Aufgaben deiner To-do-Liste!

#15 Pomodoro-Technik

▶ In einem Satz

Bei der Pomodoro-Technik unterteilst du deine Aufgabe in Etappen und bearbeitest diese in kleinen, effizienten Zeitintervallen.

🏆 So geht's

Die Pomodoro-Technik ist eine der moderneren Zeitmanagement-Methoden und wurde von dem Italiener Francesco Cirillo in den 1980er Jahren entwickelt. Um genau zu sein, fand Cirillo diese Technik eher beiläufig, nachdem er die Grundzüge bei einem Selbstversuch zufällig entdeckt hatte. Unser italienischer Freund hatte viel zu tun: Zahlreiche und unterschiedliche Aufgaben mit weiten Deadlines, die erst in einigen Wochen endeten. Das blockierte ihn so stark, dass er sich nicht dazu durchringen konnte, mit der Abarbeitung seiner To-do-Liste anzufangen. Überfordert holte er sich in einem kreativen Selbstversuch seine kleine Küchenuhr aus dem Schrank, die er sonst zum Eierkochen verwendete, stellte sie auf 25 Minuten und verabredete mit sich selbst:

✔ „Wenn ich es schaffe, in dieser Zeit konzentriert an einer Aufgabe zu arbeiten, bekomme ich danach fünf Minuten frei. In dieser kleinen Pause kann ich alles machen, was ich möchte, ohne ein schlechtes Gewissen zu haben."

In den folgenden 25 Minuten schaffte Cirillo so viel, wie sonst an einem ganzen Tag. Und das alles wegen einer kleinen Uhr, die die Form einer Tomate (italienisch: pomodoro = Tomate) hatte und nach 25 Minuten klingelte. Das war die Geburtsstunde der Pomodoro-Technik. Bei dieser Zeitmanagement-Technik werden große Arbeitsblöcke in kleine Zeiteinheiten von 25 Minuten (die sogenannten pomodori) eingeteilt und mit höchster Konzentration bearbeitet. Im Anschluss an ein solches Intervall folgt eine kurze Pause von fünf Minuten. Nach insgesamt vier

„pomodori" kann eine längere Pause von 15 bis 30 Minuten durchgeführt werden. Die Intervalldauer kannst du an deinen persönlichen Rhythmus anpassen. Ein allgemeiner Pomodoro-Plan sieht demnach so aus:

- ✔ 25 Minuten: Konzentriert arbeiten
- ✔ 5 Minuten: Pause machen
- ✔ 25 Minuten: Konzentriert arbeiten
- ✔ 5 Minuten: Pause machen
- ✔ 25 Minuten: Konzentriert arbeiten
- ✔ 5 Minuten: Pause machen
- ✔ 25 Minuten: Konzentriert arbeiten
- ✔ 30 Minuten: Pause machen
- ✔ 25 Minuten: Konzentriert arbeiten
- ✔ 5 Minuten: Pause machen
- ✔ …

Die Pomodoro-Technik ist eine nützliche Methode, um in kurzer Zeit hochproduktiv zu arbeiten. Dabei legst du zuerst deine Aufgabe schriftlich fest und unterteilst diese dann in kleine Schritte. Durch die eng gefassten Deadlines wirst du gezwungen, für ein paar Minuten fokussiert und ohne Ablenkungen an deinem Projekt zu arbeiten. Du musst dich konzentrieren und darfst keine Zeit vertrödeln.

So motivierst du dich von Einheit zu Einheit – aber ohne dabei zu sehr unter Druck zu geraten, weil du nach jeder Belastung eine kurze Pause einlegst. Durch die Kombination und Aneinanderkettung der Pomodoro-Einheiten wirst du in eine Phase versetzt, in der du ohne Störung an deinen Zielen arbeiten kannst – und zwar ohne zu verkrampfen. Die kurzen Zeitintervalle lockern deinen Arbeitsrhythmus auf und die vielen Pausen sorgen für zwischenzeitliche Entspannung.

⚙ Anleitung

Die Pomodoro-Technik kannst du ohne Vorbereitung einsetzen. Alles, was du dazu brauchst, ist ein Arbeitsplatz, etwas zu schreiben und eine Stoppuhr (ein Smartphone eignet sich ebenfalls). Insgesamt besteht die Methode aus diesen vier Schritten:

Schritt 1: Leg eine Aufgabe fest!

✔ Wähle eine Tätigkeit und formuliere diese schriftlich.

Schritt 2: Stelle eine Stoppuhr auf 25 Minuten!

✔ Das ist deine Pomodoro-Einheit.

Schritt 3: Bearbeite deine Aufgabe genau 25 Minuten lang!

✔ Arbeite fokussiert und konzentriert – ohne Ablenkung.

Schritt 4: Mach fünf Minuten lang Pause!

✔ Jetzt darfst du dich kurz ablenken und erholen.

Danach beginnst du von vorne und wiederholst die vier Schritte. Nach der vierten Pomodoro-Einheit (à 25 Minuten) legst du eine längere Pause von 15 bis 30 Minuten ein und startest im Anschluss erneut mit einem Viererset.

Die Dauer der Arbeitseinheiten kannst du an deine individuellen Vorlieben anpassen; kürzer als 15 Minuten und länger als 45 Minuten sollten sie allerdings nicht sein.

★ Beispiel

Bei der Pomodoro-Technik ist es besonders wichtig, dass du deine Aufgaben klar definierst und klug aufteilst, damit du diese in den relativ kurzen Zeitintervallen sinnvoll bearbeiten kannst. Sehen wir uns dazu zwei Beispiele an:

Beispiel 1 (Bericht schreiben):

- ✔ 25 Minuten: Recherchieren und Quellen zusammentragen
- ✔ 5 Minuten: Pause machen
- ✔ 25 Minuten: Stichworte und Notizen erstellen
- ✔ 5 Minuten: Pause machen
- ✔ 25 Minuten: Text schreiben (ohne Korrektur)
- ✔ 5 Minuten: Pause machen
- ✔ 25 Minuten: Text korrigieren und redigieren
- ✔ 30 Minuten: Pause machen
- ✔ 25 Minuten: Text schreiben (ohne Korrektur)
- ✔ 5 Minuten: Pause machen
- ✔ …

Beispiel 2 (Vortrag vorbereiten):

- ✔ 25 Minuten: Folien-Layout und Agenda festlegen
- ✔ 5 Minuten: Pause machen
- ✔ 25 Minuten: Folien mit Stichpunkten füllen (ohne Korrektur)
- ✔ 5 Minuten: Pause machen
- ✔ 25 Minuten: Recherchieren und Informationen sammeln
- ✔ 5 Minuten: Pause machen
- ✔ 25 Minuten: Folien inhaltlich überarbeiten
- ✔ 30 Minuten: Pause machen
- ✔ 25 Minuten: Abbildungen und Grafiken hinzufügen
- ✔ 5 Minuten: Pause machen
- ✔ …

✎ Aufgabe

Bestimme eine wichtige Aufgabe und stelle dazu einen Pomodoro-Plan auf! Starte anschließend sofort die erste Pomodoro-Einheit und arbeite 25 Minuten lang mit höchster Konzentration an deinem Projekt!

#16 Singletasking

🚩 In einem Satz

Beim Singletasking bündelst du deine Konzentration auf eine einzige Aufgabe und führst nicht mehrere Tätigkeiten gleichzeitig aus.

🏆 So geht's

Wenn du produktiv sein möchtest, musst du fokussiert arbeiten. Deine volle Aufmerksamkeit muss auf eine einzige Sache gerichtet sein. Kümmere dich nicht um zehn Dinge zur gleichen Zeit, sondern arbeite eine Maßnahme nach der anderen ab. Singletasking heißt das Zauberwort. Erledige nur EINE einzige Sache und konzentriere dich auf deine aktuelle Aufgabe – mehr nicht. Denn erstens kannst du ohnehin nicht alles schaffen und zweitens bringt es nichts, zu viele Baustellen zur gleichen Zeit aufzumachen. Du musst Schritt für Schritt vorgehen und dich langsam, aber beständig deinem Ziel nähern.

Viele Menschen sind stolz darauf, dass sie sich um viele Dinge gleichzeitig kümmern können. Sie schwärmen vom Multitasking und meinen, dadurch einen wesentlichen Vorteil auf ihrer Seite zu haben. Dabei ist das Konzept vom Multitasking eine dreiste Lüge. Eine Lüge, auf die du nicht hereinfallen darfst. Es gaukelt dir vor, dass du mehr schaffst, wenn du dich mit vielen Aufgaben zur gleichen Zeit beschäftigst. Doch genau das Gegenteil ist der Fall: Du wirst ineffektiv und ineffizient; du erledigst die falschen Dinge (weil du die Übersicht verlierst) und führst diese dann auch noch schlecht aus (weil du überfordert und unkonzentriert bist). Außerdem verschwendest du beim Multitasking deine Zeit, da du jedes Mal deine Arbeit unterbrichst, um von einer Aufgabe zur anderen zu wechseln. Dadurch verlierst du nicht nur Zeit bei der Bearbeitung, sondern auch dabei, dich neu zu fokussieren. Erfolgreiche Menschen praktizieren fast nie Multitasking, sondern fokussieren sich immer nur auf eine Sache. Diese einfache Grundregel ist ein wahrer Produktivitäts-Booster und sorgt dafür, dass du konzentriert bleibst und deine Aufgaben schneller hintereinander erledigen kannst. Das wichtigste Grundprinzip beim Bearbeiten von Aufgaben lautet also:

✔ Erledige immer nur EINE einzige Sache zur gleichen Zeit!

Oder anders formuliert: Praktiziere immer Singletasking und niemals Multitasking! Dank Singletasking wird deine Arbeitsweise strukturierter und entspannter. Auf diese Weise kannst du dich intensiver mit deinen Herausforderungen auseinandersetzen, wirst schneller mit deinen To-dos fertig und erzielst qualitativ bessere Ergebnisse. Kurz: Es gibt fast nur Vorteile. Der einzige Nachteil besteht darin, dass Singletasking langweilig ist – langweilig, aber erfolgreich.

Unser Gehirn sucht ständig nach neuen Impulsen und ist offen für jede Art von Ablenkung. Multitasking ist daher besonders interessant und wird auf natürliche Weise dem Singletasking vorgezogen. Um das zu verhindern, musst du systematisch an die Sache herangehen und dein Gehirn austricksen. Teile deine Aufgaben dazu in kleine Schritte ein und bringe diese in eine sinnvolle Reihenfolge. Anstatt einer großen Sache liegen nun viele kleine, abwechslungsreiche Dinge vor dir, die unterbewusst mehr Spaß machen. Wichtig dabei ist, dass du dein Vorgehen schriftlich planst und somit eine verbindliche Leitstruktur zur Orientierung schaffst. Du kannst dich einfach an deine Liste halten und musst dir die Reihenfolge deiner Schritte nicht merken. Folge danach konsequent deinem Plan und widerstehe der Versuchung, mehrere Dinge zur gleichen Zeit anzupacken. Konzentriere dich nur auf eine einzige Sache und lass dich nicht ablenken.

Wenn du beim Bearbeiten einer Aufgabe Ideen oder Einfälle zu einem anderen Thema hast, kannst du deine Gedanken kurz notieren und auf einer separaten Liste sammeln. Sobald du dein Ziel erreicht hast, gehst du diesen Dingen nach, ohne dass du aus deiner Konzentrationsphase gerissen wirst.

✿ Anleitung

Beim Singletasking ist die Vorbereitung besonders wichtig. Unproduktives Multitasking auszuschalten gelingt dir erst dann, wenn du dir einen Plan zurechtlegst und deine Aufgaben klug organisierst. Halte dich dazu an die folgenden Schritte:

Schritt 1: Teile deine Aufgabe in Zwischenschritte ein!
- ✔ Welche Teilaufgaben gibt es?

Schritt 2: Bringe die Teilaufgaben in eine sinnvolle Reihenfolge!
- ✔ Wie bauen die Schritte aufeinander auf?

Schritt 3: Bereite deine Arbeit vor!
- ✔ Welche Materialen und/oder Informationen brauchst du?

Schritt 4: Vermeide Ablenkungen!
- ✔ Wer oder was könnte dich stören?

Schritt 5: Arbeite einen Schritt nach dem anderen ab!
- ✔ Erledige nur eine einzige Sache – was ist der nächste Schritt?

Singletasking lässt sich am einfachsten umsetzen, wenn du in kurzen Etappen arbeitest. Deine Aufgaben wirken dadurch abwechslungsreicher und du kannst dich in den Pausen erholen oder zwischendurch neue Pläne aufstellen. Auf diese Weise bleiben deine Motivation und Konzentration lange erhalten.

★ Beispiel

Die Strukturierung deiner Aufgaben ist bei Singletasking der entscheidende Faktor. Sobald es dir gelingt, deine großen To-dos in kleine Schritte aufzuteilen, bist du schon fast am Ziel deiner Vorbereitung. Dazu schauen wir uns einige Beispiele an.

Beispiel 1 (Bericht schreiben):

- ✔ Vorlage suchen
- ✔ Vorlage anpassen
- ✔ Inhaltsverzeichnis erstellen
- ✔ Überschriften festlegen
- ✔ Fertige Textbausteine kopieren
- ✔ Einleitung schreiben
- ✔ Kapitel 1.1 schreiben
- ✔ Kapitel 1.2 schreiben
- ✔ Kapitel 1.3 schreiben
- ✔ Kapitel 2.1 schreiben
- ✔ …

Beispiel 2 (Präsentation vorbereiten):

- ✔ Vorlage suchen
- ✔ Vorlage anpassen
- ✔ Ziel der Präsentation bestimmen
- ✔ Agenda festlegen
- ✔ Folie 1 erstellen
- ✔ Folie 2 erstellen
- ✔ Folie 3 erstellen
- ✔ …

Beispiel 3 (Buch lesen):

- ✔ Seite 1-10 lesen
- ✔ Seite 11-20 lesen
- ✔ Seite 21-30 lesen
- ✔ …

✎ Aufgabe

Verabschiede dich vom Multitasking und übe dich im Singletasking, indem du sofort für 30 Minuten an einer einzigen Aufgabe arbeitest!

#17 Zwei-Minuten-Regel

🏴 In einem Satz

Die Zwei-Minuten-Regel besagt, dass alle Aufgaben, die weniger als zwei Minuten Bearbeitungszeit benötigen, sofort von dir erledigt und nicht erst geplant werden sollen.

🏆 So geht's

Die Zwei-Minuten-Regel ist ein Konzept des amerikanischen Zeitmanagement-Gurus David Allen und hilft dir dabei, deinen Alltag zu organisieren. Diese Regel ist einfach in der Anwendung, fördert eine produktive Arbeitsweise und schützt deine To-do-Liste vor Überfrachtung. Sie lautet:

- ✔ Wenn du eine Aufgabe innerhalb von zwei Minuten erledigen kannst, führe sie direkt durch. Dauert die Bearbeitung länger als zwei Minuten, schreibe die Aufgabe auf deine To-do-Liste und beschäftige dich später damit.

Oder konkret: Kannst du die E-Mail in zwei Minuten lesen, verstehen, bearbeiten und ablegen – mache es jetzt sofort. Glaubst du hingegen, dass es länger dauert, erteile dieser Aufgabe einen Platz auf deiner To-do-Liste. So simpel und doch so produktiv. Die Zwei-Minuten-Regel sorgt dafür, dass du schnell in Aktion kommst und Überorganisation vermeidest. Dieses Konzept unterscheidet nicht zwischen dringenden Aufgaben und solchen, deren Erledigung später stattfinden kann. Es geht ausschließlich darum, ob du eine Aufgabe als wichtig einstufst: Ist sie es und du schaffst die Bearbeitung in zwei Minuten, kümmere dich sofort um sie; falls nicht, sammelst du die Aufgabe auf einer Liste und planst sie für später ein. Der Grund für die Zwei-Minuten-Grenze liegt darin, dass es innerhalb dieses Rahmens insgesamt länger dauern würde, einen Vorgang zu planen und im Auge zu behalten, als ihn gleich beim ersten Aufnehmen zu erledigen. Oder anders gesagt: Bei zwei Minuten liegt die Effizienzgrenze. Ist die Aufgabe nicht wichtig, solltest du sie ohnehin nicht beachten. Ist sie hingegen wichtig, solltest du sie effizient erledigen. Also entweder schnell durchführen (E-Mail bearbeiten), oder – bei komplexeren Projekten (Bericht schreiben) – planen und strategisch vorgehen. Damit ist die Zwei-Minuten-Regel ein Filter für den Kleinkram, der dir im Alltag begegnet. Sie hilft dir dabei zu entscheiden, wie du mit neuen Aufgaben umgehen kannst und beschützt deine To-do-Liste. Du vermeidest Ansammlungen von Mini-Aufgaben und kommst schneller in einen Flow, da kleine Aufgaben zügig abgeschlossen werden. Nebenbei verbesserst du deine gesamte Organisation, weil du automatisch in Schritten denkst und deine Aufgaben entsprechend analysierst. Es wird dir deutlich leichter fallen, deine täglichen Aufgaben zu erledigen, wenn du dich an die Zwei-Minuten-Regel hältst. Schätze dafür lediglich die Dauer der anfallenden Herausforderungen ab und entscheide, ob die Sache Gewicht hat oder nicht.

Am Anfang wirkt die Zwei-Minuten-Regel sehr restriktiv – doch das ist sie gar nicht. Du kannst das Zeitfenster von zwei Minuten vielmehr als Richtwert verstehen und je nach Situation die Schwelle auf fünf, zehn oder fünfzehn Minuten erhöhen. Achte nur darauf, dass du die Zeitfenster so wählst, dass du produktiv und effizient bleibst. Je nach persönlicher Taktung kann es auch sinnvoll sein, die Dauer auf eine Minute (oder weniger) zu reduzieren, weil du entweder wenig Zeit hast (und schnell Ergebnisse brauchst) oder sofort in Aktion kommen möchtest. Außerdem brauchst du die Zwei-Minuten-Regel nicht über den kompletten Tag einzusetzen. Dieses Konzept ist keine Maßnahme, um dich zur Produktivität zu zwingen, sondern ein Mittel, um neu anfallende Aufgaben richtig einschätzen und effizient abarbeiten zu können. Die Zwei-Minuten-Regel schärft deine Sinne und sorgt dafür, dass du den Überblick behältst. Sie bringt dich dazu, jede neue Herausforderung zu bewerten und macht dir die Entscheidung über das weitere Vorgehen so einfach wie möglich.

⚙ Anleitung

Die Zwei-Minuten-Regel kannst du in allen Lebensbereichen anwenden. Sie ist multifunktional und kann immer dann eingesetzt werden, wenn du mit einer neuen Aufgabe konfrontiert wirst. Stelle dir dazu die folgenden zwei Fragen:

Frage 1: Ist die Aufgabe wichtig?

- ✔ Nein: Ignoriere die Aufgabe!
- ✔ Ja: Gehe weiter zu Frage 2!

Frage 2: Kann ich die Aufgabe in zwei Minuten erledigen?

- ✔ Nein: Plane die Aufgabe, indem du sie zum Beispiel auf deine To-do-Liste schreibst und für später vormerkst!
- ✔ Ja: Erledige die Aufgabe sofort!

Mit diesem System förderst du nicht nur dein Organisationstalent; du kommst zudem in Schwung und erledigst viel mehr Aufgaben als bisher – und das auch noch wahnsinnig effizient.

Das Beste ist aber: Alle Aufgaben, die du sofort erledigst, schaffen es nicht auf deine To-do-Liste. Du hakst sie sozusagen ab, bevor du sie aufschreiben kannst.

★ Beispiel

Bei der Zwei-Minuten-Regel musst du neue Aufgaben schnell bewerten (wichtig oder unwichtig?) und richtig einschätzen können (kürzer oder länger als zwei Minuten?).

Sieh dir dazu die folgenden Beispiele an und entscheide spontan, wie du die Zwei-Minuten-Regel anwenden würdest.

Beispiel 1 (Arbeit):

- ✔ E-Mail lesen
- ✔ Kollegen zurückrufen
- ✔ Kennzahl recherchieren
- ✔ Dokument einscannen
- ✔ Bericht schreiben

Lösung zu Beispiel 1:

- ✔ E-Mail lesen (sofort erledigen!)
- ✔ Kollegen zurückrufen (auf To-do-Liste setzen!)
- ✔ Kennzahl recherchieren (sofort erledigen!)
- ✔ Dokument einscannen (sofort erledigen!)
- ✔ Bericht schreiben (auf To-do-Liste setzen!)

Beispiel 2 (Privatleben):

- ✔ Einkaufen
- ✔ Online Geld überweisen
- ✔ Geburtstagseinladung annehmen
- ✔ Reifen wechseln
- ✔ Preise für Konzert-Tickets recherchieren

Lösung zu Beispiel 2:

- ✔ Einkaufen (auf To-do-Liste setzen!)
- ✔ Online Geld überweisen (sofort erledigen!)
- ✔ Geburtstagseinladung annehmen (sofort erledigen!)
- ✔ Reifen wechseln (auf To-do-Liste setzen!)
- ✔ Preise für Konzert-Tickets recherchieren (sofort erledigen!)

✏ Aufgabe

Überprüfe deine aktuelle To-do-Liste und wende für jeden Eintrag die Zwei-Minuten-Regel an, indem du die zwei Fragen von oben beantwortest!

#18 Speed Reading

⚑ In einem Satz

Speed Reading beschreibt die Kombination verschiedener Lesetechniken, mit deren Hilfe du dein Lesetempo deutlich erhöhen kannst.

🏆 So geht's

Speed Reading ist seit den 1970er Jahren bekannt und wurde erstmals in den Büchern von Tony Buzan vorgestellt. Seitdem wurden viele Schnelllesetechniken entwickelt, die einzeln oder kombiniert als „Speed Reading" bezeichnet werden. Ziele dieser Strategien sind neben der Erhöhung des durchschnittlichen Lesetempos auch die Optimierung des Textverständnisses sowie die Verbesserung der Gedächtnisleistung in Bezug auf das Gelesene. Eine komplette Darstellung der unterschiedlichen Speed-Reading-Arten (inklusive Anleitung mit Anwendungsbeispielen) gibt es an dieser Stelle nicht – dazu bräuchte es ein eigenes Buch. Im Folgenden werden daher die wichtigsten Prinzipien und deren Grundtechniken beschrieben.

Ein Hauptaspekt der Speed-Reading-Methodik besteht darin, schlechte Lesegewohnheiten zu vermeiden, da diese viel Zeit kosten und den Leseprozess unproduktiv machen. Die drei größten Hindernisse sind das Subvokalisieren, die Regression und das Wort-für-Wort-Lesen. Unter der Subvokalisierung wird das innere Mitsprechen des Textes verstanden, also die gedankliche Aussprache des Gelesenen. Dieser Prozess ist zeitintensiv, da die erfassten Worte erst verarbeitet und sprachlich umgesetzt werden müssen. Außerdem trägt das Subvokalisieren nicht zum Textverständnis bei und ist damit für den Leseerfolg irrelevant. Das Zurückspringen im Text wird als „Regression" bezeichnet. Diese kann mehrere Ursachen haben (unklare Worte, undeutlicher Satzbau, komplizierte Textstruktur und vieles mehr) und reduziert neben der Lesegeschwindigkeit auch die Motivation, weiterzulesen. Daher ist die sogenannte „Vorwärtsorientierung" (das genaue Gegenteil, nämlich ein Regressionsverbot) eines der Grundprinzipien des Speed Reading. Das Wort-für-Wort-Lesen ist diejenige Lesetechnik, mit der 99 Prozent aller Menschen in der Schule lesen gelernt haben. Leider ist diese Strategie ineffizient, da nicht jedes Wort eines Textes wichtig ist oder zum generellen Verständnis beiträgt. Daher sollte das Wort-für-Wort-Lesen vermieden werden. Diese „Lesefehler" sind bei den meisten Menschen fest verankert und nur mit großer Mühe abzubauen. Allerdings lohnt sich der Aufwand, weil ohne diese Hindernisse eine Verdreifachung oder Vervierfachung des Lesetempos ohne Qualitätsverlust möglich ist.

Zu den praktikabelsten Speed-Reading-Techniken für das tägliche Lesen zählen das Querlesen, Scannen und Skippen. Beim Querlesen eines Textes geht es darum, dass du dir einen Überblick verschaffst. Überfliege den Text oder das Inhaltsverzeichnis des Buches. Versuche, ein Gespür für inhaltliche Themen zu bekommen: Worum geht es in dem Text? Welche wichtigen Schwerpunkte werden behandelt? Wie sind diese gegliedert? Sobald du den Aufbau verstehst, kannst du viel einfacher thematische Zusammenhänge erkennen. Scannen ist fast wie lesen; allerdings nicht Wort für Wort, sondern etwas flotter und selektiver: Du schwebst über den Text hinweg und versuchst dabei, jede Zeile so schnell wie möglich mit deinen Augen aufzunehmen. Achte dabei auf Besonderheiten, wie Überschriften oder Aufzählungen und widme diesen Highlights mehr Aufmerksamkeit. Wenn du produktiv lesen möchtest, darfst du nicht perfektionistisch sein, denn: Du brauchst nicht alles zu lesen, was dir vorgesetzt wird. Es wird in deinen Texten immer Sätze, Abschnitte oder ganze Kapitel geben, die irrelevant für dich sind. Falls du solch einen Textbaustein findest: Unterbrich auf der Stelle das Lesen und skippe zum nächsten Anfangspunkt. Lass diese Teile weg – sie stehlen nur deine Zeit.

Grundsätzlich ist Speed Reading eine wertvolle Fähigkeit, mit deren Hilfe du viel Zeit sparen kannst. Am Anfang wirst du allerdings etwas trainieren müssen, bis du die verschiedenen Techniken verstehst und effektiv nutzen kannst.

✿ Anleitung

Speed Reading muss erlernt und regelmäßig praktiziert werden. Dabei ist es sinnvoll, bestimmte Speed-Reading-Techniken auszuwählen und dann einzeln zu trainieren. So könnte ein Trainingsplan dafür aussehen:

Schritt 1: Wähle eine Speed-Reading-Technik aus!
- ✔ Welche Schnelllesetechnik möchtest du trainieren?

Schritt 2: Bestimme Trainingszeitpunkt und -dauer!
- ✔ Wann möchtest du trainieren? Und wie lange?

Schritt 3: Wähle einen Übungstext aus!
- ✔ Welche Texte möchtest du im Alltag schneller lesen?

Schritt 4: Wende die Speed-Reading-Technik an!
- ✔ Lies konzentriert und stoppe deine Zeit!

Schritt 5: Werte dein Training aus!
- ✔ Wie schnell warst du im Vergleich zu deiner normalen Lesegeschwindigkeit? Kannst du die Inhalte des Textes wiedergeben? An welchen Stellen bist du auf Schwierigkeiten gestoßen?

Beim Speed Reading ist es wichtig, dass du dich von der klassischen Vorstellung des Lesens löst und den Prozess als reine Informationsaufnahme wahrnimmst. Für die Romantik beim Lesen bleibt der abendliche Roman auf der Couch.

★ Beispiel

Speed Reading kann auf viele verschiedene Arten praktiziert werden. Wenn du deine Lesearbeit grundsätzlich professioneller gestalten möchtest, reichen schon ein paar kleine Veränderungen in deiner

Leseroutine. Dazu kannst du dich an den folgenden Best-Practice-Beispielen orientieren:

Beispiel 1 (Ziele schriftlich festlegen):

- ✔ Bestimme, bevor du mit dem Lesen beginnst, drei schriftliche Ziele, die du während deiner Lesesession erreichen möchtest. Mit klaren Zielen liest du genauer und verbesserst deinen Fokus. Zusätzlich installierst du auf diese Weise einen eigenen Kontrollmechanismus.

Beispiel 2 (Leseumgebung anpassen):

- ✔ Wenn dich dein Umfeld beim Lesen und Arbeiten stört, wirst du niemals deine volle Produktivität freisetzen können. Optimiere deswegen deine Leseumgebung: Sorge für ausreichend Licht, schaffe genug Platz, damit du dich beim Lesen nicht eingeengt fühlst und schalte laute Störgeräusche aus oder benutze Ohrstöpsel.

Beispiel 3 (Notizen und Mindmaps anfertigen):

- ✔ Fertige Notizen während des Lesens an und markiere wichtige Stellen, damit du die Inhalte besser verstehen und behalten kannst. Zusätzlich kannst du eine Mindmap erstellen und so die Inhalte aus dem Text in einen sachbezogenen Zusammenhang zu bringen. Mindmaps helfen dir dabei, die Übersicht zu behalten und vereinfachen das Einprägen von trockenen Fachinformationen. Ebenso werden die Verflechtungen der einzelnen Themen deutlich.

✏ Aufgabe

Wähle eine Schnelllesetechnik und probiere diese mit dem vorgestellten Trainingsplan direkt aus!

#19 Zeit-Balance-Modell

◪ In einem Satz

Das Zeit-Balance-Modell stellt alle relevanten Lebensbereiche heraus und hilft dir dabei, diese in einen harmonischen Einklang zu bringen.

♛ So geht's

Unter dem Begriff Zeitmanagement wird oftmals die einseitige Nutzung verschiedener Produktivitätstechniken im beruflichen Alltag verstanden. Diese Fokussierung kann allerdings zu einem eintönigen, einzig auf Leistung ausgerichteten Leben führen. Und solch ein Leben macht auf Dauer wenig Spaß. Mehr noch: Wenn du all deine Zeit und Energie in deinen beruflichen Erfolg investierst, werden alle anderen Aspekte deines Lebens wie Gesundheit, Liebe, Freundschaften und Hobbys verkümmern und irgendwann komplett verschwunden sein. Für nachhaltiges Glücksempfinden und ein erfülltes Leben brauchst du ein ganzheitliches Zeitmanagement, bei dem alle relevanten Lebensbereiche berücksichtigt werden. Einen vielversprechenden Ansatz liefert dazu das Zeit-Balance-Modell nach Nossrat Peseschkian und Lothar Seiwert. Im Rahmen dieses Konzepts werden vier essenzielle Lebensbereiche individuell analysiert mit dem Ziel, diese in eine angenehme Balance zu bringen. Um diese vier Lebensbereiche geht es:

- ✔ Körper und Gesundheit
- ✔ Leistung und Arbeit
- ✔ Kontakt und Beziehung
- ✔ Sinn und Kultur

Mithilfe des Zeit-Balance-Modells können diese vier Lebensbereiche in ein Gleichgewicht gebracht werden, was zu einer deutlichen Verbesserung der Lebensqualität führt. Zu dem Bereich „Körper und Gesundheit" zählen Kategorien wie Ernährung, Erholung, Fitness und Entspannung.

Im Bereich „Leistung und Arbeit" werden berufliche Anstrengungen, Finanzen und Erfolg zusammengefasst. Familie, Partnerschaften und Freunde sind Bestandteile des Bereichs „Kontakt und Beziehungen". Innerhalb des Bereichs „Sinn und Kultur" finden Liebe, Religion, Hobbys, Selbstverwirklichung und Zukunftspläne ihren Platz. Grafisch sieht das Zeit-Balance-Modell so aus:

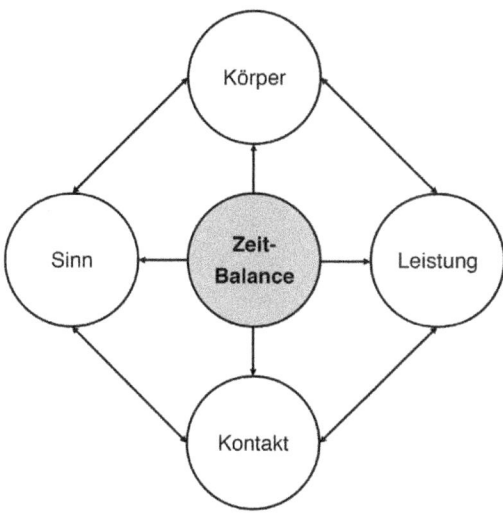

Die einzelnen Lebensbereiche sind eng miteinander verknüpft und wirken daher aufeinander ein. Das bedeutet: Wird ein Lebensbereich (wie zum Beispiel „Leistung und Arbeit") stark bevorzugt, leiden alle anderen Bereiche darunter. Bleibt diese Vernachlässigung zu lange bestehen, führt dies wiederum zu negativen Entwicklungen im Bereich „Leistung und Arbeit" – da sich die Bereiche gegenseitig beeinflussen. Strebe daher eine langfristige Balance an, in der für alle vier Lebensbereiche genug Zeit vorgesehen ist. Hierfür solltest du zunächst feststellen, wie stark jeder einzelne Bereich aktuell in deinem Leben ausgeprägt ist. Dabei werden dir Ungleichgewichte auffallen, die du dann gezielt durch Fokussierung auf andere, vernachlässigte Lebensbereiche ausgleichen kannst.

⚙ Anleitung

Jeder Mensch hat ein persönliches Zeit-Balance-Modell. Beispielsweise können die Lebensbereiche unterschiedlich stark ausgeprägt oder um weitere Kategorien ergänzt sein. Wichtig ist nur, dass alle Bereiche harmonisch abgestimmt sind und sich positiv ergänzen. Um deine eigene Zeit-Balance zu verbessern, kannst du dich an den folgenden Schritten orientieren:

Schritt 1: Bewerte deine aktuelle Situation!
- ✔ Wie viel Zeit widmest du aktuell jedem Lebensbereich?

Schritt 2: Finde Verbesserungspotenziale!
- ✔ Lassen sich Ungleichgewichte feststellen?

Schritt 3: Leg ein Ziel fest!
- ✔ Wie möchtest du deine Zeit-Balance verbessern?

Schritt 4: Konzentriere dich auf einen Lebensbereich!
- ✔ In welchem Bereich kannst du die größten positiven Änderungen herbeiführen? Und wie?

Schritt 5: Bestimme konkrete Verbesserungsmaßnahmen!
- ✔ Was kannst du konkret tun?

Kontrolliere deine Zeit-Balance in regelmäßigen Abständen und erarbeite dir ein Bewusstsein für kritische Ungleichgewichte. Punktuell kann es völlig in Ordnung sein, wenn einer deiner Lebensbereiche stärker ausgeprägt ist. Insbesondere in kritischen Phasen ist es wichtig, so viel Zeit und Energie wie möglich in eine Sache zu stecken. Langfristig solltest du dich allerdings um Ausgleich bemühen. Nur dann bleibst du flexibel, glücklich und gesund.

★ Beispiel

Im Rahmen des Zeit-Balance-Modells muss allen vier Lebensbereichen genug Zeit und Aufmerksamkeit entgegengebracht werden. So kannst du deine Bereiche analysieren und bewerten.

Beispiel 1 (Körper und Gesundheit):
- ✔ Wie viel Prozent deiner Zeit widmest du diesem Bereich?
- ✔ Wäre es sinnvoll, mehr oder weniger Zeit zu investieren?
- ✔ Was könntest du konkret tun oder weglassen?
- ✔ Welche positiven Auswirkungen hätte eine Anpassung?

Beispiel 2 (Leistung und Arbeit):
- ✔ Wie viel Prozent deiner Zeit widmest du diesem Bereich?
- ✔ Wäre es sinnvoll, mehr oder weniger Zeit zu investieren?
- ✔ Was könntest du konkret tun oder weglassen?
- ✔ Welche positiven Auswirkungen hätte eine Anpassung?

Beispiel 3 (Kontakt und Beziehungen):
- ✔ Wie viel Prozent deiner Zeit widmest du diesem Bereich?
- ✔ Wäre es sinnvoll, mehr oder weniger Zeit zu investieren?
- ✔ Was könntest du konkret tun oder weglassen?
- ✔ Welche positiven Auswirkungen hätte eine Anpassung?

Beispiel 4 (Sinn und Kultur):
- ✔ Wie viel Prozent deiner Zeit widmest du diesem Bereich?
- ✔ Wäre es sinnvoll, mehr oder weniger Zeit zu investieren?
- ✔ Was könntest du konkret tun oder weglassen?
- ✔ Welche positiven Auswirkungen hätte eine Anpassung?

✎ Aufgabe

Stelle dein persönliches Zeit-Balance-Modell auf und stimme deine wichtigsten Lebensbereiche aufeinander ab!

#20 KonMari-Methode

⚑ In einem Satz

Mithilfe der KonMari-Methode kannst du systematisch aufräumen und damit eine zeitsparende Ordnung herstellen.

🏆 So geht's

Ordnung und eine effiziente Organisation sind wichtige Bestandteile eines klugen Zeitmanagements. Wenn du vor jedem Arbeitsschritt erst minutenlang nach den zugehörigen Unterlagen oder Hilfsmitteln suchen musst, verschwendest du deine Zeit. Das Suchen stört deine Konzentration und verhindert zudem, dass du in einen Arbeitsflow gelangst. Viel sinnvoller ist es, eine vernünftige Ordnung herzustellen und damit eine pragmatische Arbeitsgrundlage zu schaffen. Ein moderner und gleichermaßen hilfreicher Ansatz dazu stammt von Marie Kondo: die KonMari-Methode. Diese Methode ist grundsätzlich für den privaten Wohnbereich ausgelegt, kann aber mit wenigen Anpassungen auch für den Arbeitsplatz übernommen werden. Bei der KonMari-Methode geht es darum, sich von unnötigen Dingen zu trennen und alles andere systematisch zu sortieren. Das Konzept besteht dabei aus fünf Schritten:

- ✔ Ziele festlegen!
- ✔ Nach Kategorien aufräumen!
- ✔ In kurzer Zeit aufräumen!
- ✔ Anfassen und Glücksfrage stellen!
- ✔ Jedem Gegenstand einen festen Platz zuweisen!

Im ersten Schritt legst du die Ziele deiner Aufräumaktion fest, damit du motiviert bleibst und das Ausmisten nicht zum Selbstzweck wird. Mach dir dabei klar, welche Vorteile du langfristig davon hast, in einer klaren Struktur zu leben und zu arbeiten. Anschließend beginnst du sofort mit der eigentlichen Arbeit. Dazu gehst du nicht – wie gewohnt – nach Schubladen, Schränken oder Zimmern vor, sondern definierst Aufräumkategorien. Auf diese Weise sortierst du automatisch gleiches zu gleichem und brichst alte unübersichtliche Ablagestrukturen auf. Marie Kondo empfiehlt dabei diese Reihenfolge zu beachten:

- ✔ Kleidungsstücke, Taschen, Schuhe...
- ✔ Bücher
- ✔ Unterlagen, Dokumente, Papiere...
- ✔ Kleinkram, Stifte, Haushaltsgeräte...
- ✔ Erinnerungsstücke

Natürlich kannst du weitere Kategorien festlegen oder bestehende zusammenfassen. Achte nur darauf, dass deine Aufteilung übersichtlich bleibt und nicht zu grob oder zu fein wird. Nachdem deine Aufräumsegmente feststehen, bestimmst du für jede Kategorie eine Deadline und arbeitest dich in kurzer Zeit durch alle dazugehörigen Dinge. Lass dir dabei nicht zu viel Zeit und versuche, schnell zu entscheiden, von welchen Dingen du dich trennen möchtest. Dazu rät Marie Kondo:

- ✔ Lege alle Gegenstände einer Kategorie auf einen großen Haufen. Dadurch wird deutlich, wie viele Dinge du besitzt. Danach nimmst du jeden Gegenstand einzeln in die Hand und fragst dich: „Macht mich dieser Gegenstand glücklich, brauche ich ihn wirklich?" Falls nicht, trennst du dich davon.

Diese Art des Ausmistens ist sehr radikal und spirituell angehaucht. Im Arbeitsumfeld funktioniert dieses Vorgehen nicht so gut, da viele Bücher, Dokumente oder Papiere zwar wenig Glücksempfinden verursachen, allerdings wichtig für den beruflichen Erfolg sind. Daher solltest du im Büro nach anderen Kriterien (Aktualität, Wichtigkeit und so weiter) aussortieren. Im letzten Schritt weist du allen Dingen, die diesen Selektionsprozess überstehen, einen festen Platz zu, an welchem du sie aufbewahren wirst.

✿ Anleitung

Die KonMari-Methode stellt das persönliche Glück des Anwenders in den Vordergrund und unterstützt eine minimalistische Lebensweise. Aus diesem Grund unterscheidet sie sich von vielen etablierten Organisationsprinzipien. Die Aufräumgewohnheiten nach Marie Kondo müssen langfristig angewendet werden – erst dann entsteht ein klares und befreiendes Umfeld. Die folgenden Schritte helfen dir beim Einstieg in die Methodik:

Schritt 1: Leg ein Aufräumziel fest!
- ✔ Welche Bereiche möchtest du aufräumen? Und was möchtest du damit erreichen? Mit welchen Vorteilen rechnest du?

Schritt 2: Bestimme Kategorien!
- ✔ In welchen Kategorien möchtest du aufräumen? Reichen dir die vorgegebenen Kategorien oder benötigst du weitere?

Schritt 3: Wähle einen kurzen zeitlichen Rahmen!
- ✔ Wann möchtest du aufräumen?

Schritt 4: Trennungskriterien festlegen!
- ✔ Wann sollten Gegenstände ausgemistet werden? Welche objektiven Kriterien kannst du eindeutig festlegen?

Schritt 5: Ausmisten!
- ✔ Lege alle Gegenstände einer Kategorie auf einen Tisch, Stapel oder Haufen und entscheide in jedem einzelnen Fall, was du behalten möchtest und was nicht! Werden die Trennungskriterien erfüllt? Welche Gegenstände werden aussortiert?

Schritt 6: Weise jedem Gegenstand einen festen Platz zu!
- ✔ Wo sollen die verbleibenden Gegenstände aufbewahrt werden?

★ Beispiel

Die KonMari-Methode liefert eine praxistaugliche Vorgehensweise, um sich von überflüssigen Dingen zu trennen und alles andere sinnvoll zu sortieren. Für den Beginn kannst du dich an den folgenden Beispielen orientieren.

Beispiel 1 (schriftliche Ziele festlegen):
- ✔ „Ich möchte erst mein Arbeitszimmer und dann meine komplette Wohnung aufräumen."

Beispiel 2 (Kategorien bestimmen):
- ✔ Kleidungsstücke, Taschen, Schuhe…
- ✔ Bücher
- ✔ Unterlagen, Dokumente, Papiere…
- ✔ Kleinkram, Stifte, Haushaltsgeräte…
- ✔ Erinnerungsstücke
- ✔ Daten

Beispiel 3 (zeitlichen Rahmen auswählen):
- ✔ KW 40 bis KW 45

Beispiel 4 (Trennungskriterien definieren):
- ✔ „Ich habe die Gegenstände über ein Jahr lang nicht benutzt."

Beispiel 6 (festen Platz zuweisen):
- ✔ Bücher ins Arbeitszimmer, Schuhe in den Schrank usw.

✎ Aufgabe

Wende die KonMari-Methode an und schaffe dir ein klares, aufgeräumtes Umfeld!

#21 Not-to-do-Liste

▉ In einem Satz

Auf deiner Not-to-do-Liste sammelst du unnötige, unproduktive Gewohnheiten und erinnerst dich somit daran, diese Aktivitäten zu vermeiden.

🏆 So geht's

Wenn du dein Zeitmanagement im Berufs- und Privatleben verbessern
möchtest, reicht es nicht, neue Dinge dazuzulernen oder bessere Gewohnheiten zu etablieren. Häufig ist es zusätzlich notwendig, gewisse
Dinge, die dich ausbremsen und deine Zeit stehlen, NICHT mehr zu tun.
Doch über diese inneren Blockaden musst du dir erst einmal im Klaren
sein. Genau dabei hilft dir eine Not-to-do-Liste. Auf dieser Liste sammelst du diejenigen Aktivitäten, die für deine Effizienz schädlich sind
– also Dinge, die du NICHT tun solltest. Deine Not-to-do-Liste hält dich
davon ab, unproduktiven Beschäftigungen nachzugehen. Sie schärft
dein Bewusstsein für Ablenkungen und hilft dir dabei, schlechte Verhaltensmuster in den Griff zu bekommen. Sobald du deine Not-to-dos
aufgespürt und schriftlich formuliert hast, wird es dir viel leichter fallen,
destruktive Verhaltensmuster zu durchbrechen und dich auf deine Stärken zu konzentrieren. Dazu ist es notwendig, dass du einen genauen
Blick auf deine Aktivitäten wirfst und diese hinsichtlich ihres Nutzens
analysierst. Hierbei lassen sich grundsätzlich drei verschiedene Stufen
der Wertigkeit von Aufgaben unterscheiden:

- ✔ hoch
- ✔ gering
- ✔ wertlos

Bei Aktivitäten mit hohem Wert können zusätzlich langfristige und kurzfristige Effekte voneinander unterschieden werden, sodass es streng-

genommen vier verschiedene Abstufungen gibt. Zu den wertvollen Aufgaben zählen diejenigen Aktivitäten, die hauptsächlich für deinen Erfolg verantwortlich sind. Langfristig könnte beispielsweise das Erlernen einer neuen Fremdsprache wertvoll sein, während du kurzfristig keine positiven Auswirkungen dadurch feststellen wirst. Der Abschluss eines neuen Kundenauftrags oder der Start einer Marketingaktion könnte hingegen kurz- bis mittelfristig einen hohen Wert für dich generieren. Zu den Aktivitäten mit geringem Wert zählen meistens administrative Aufgaben oder Projekte, die du für andere Personen abwickelst, wie zum Beispiel E-Mails sortieren, telefonieren oder einem Kollegen helfen. Sinnlos im Internet surfen oder stundenlang vor dem Fernseher sitzen sind Aufgaben ohne Wert und nehmen den letzten Platz in deinem Ranking ein. Daraus ergibt sich die folgende Verteilung deiner Aktivitäten gemessen an ihrer Wertigkeit:

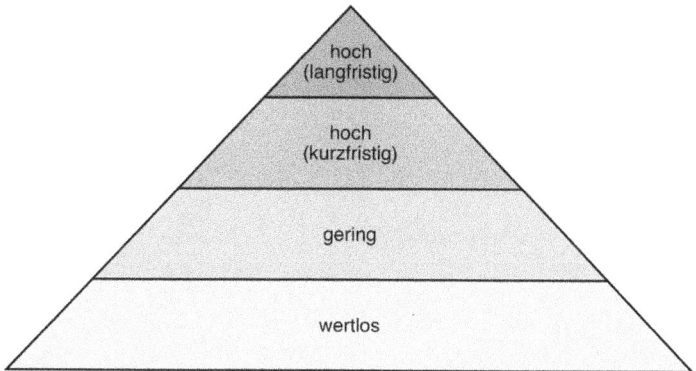

Aufgaben mit hohem Wert sind besonders selten und bilden die Spitze der Pyramide. Dabei sind langfristig wertvolle Aktivitäten noch seltener als kurzfristige. Aufgaben mit geringem Wert bilden den mittleren Streifen und sind öfter in deinem Leben vorzufinden. Mit Abstand am häufigsten wirst du jedoch mit wertlosen Aufgaben konfrontiert – und dementsprechend viel Zeit verschwendest du mit diesen Aktivitäten, wenn du dich nicht davor schützt. Eine Not-to-do-Liste unterstützt dich bei diesem Vorhaben und zeigt dir, welche Aufgaben du vermeiden solltest.

✿ Anleitung

Eine Not-to-do-Liste kannst du schnell und einfach erstellen. Oftmals reicht es schon, wenn du dir überlegst, welche Aktivitäten aus deinem Alltag viel Zeit in Anspruch nehmen, aber wenig Nutzen bringen. Mithilfe der folgenden Anleitung kannst du noch zielgerichteter vorgehen:

Schritt 1: Verschaffe dir einen Überblick über deine Aktivitäten!
- ✔ Welche Aktivitäten führst du häufig oder regelmäßig aus?

Schritt 2: Bewerte deine Aktivitäten!
- ✔ Wie ist die Wertigkeit deiner Aktivitäten (hoch, gering, wertlos)?

Schritt 3: Not-to-dos bestimmen!
- ✔ Welche Aktivitäten sind wertlos und sollten vermieden werden?

Schritt 4: Prioritäten setzen!
- ✔ Um welche Not-to-dos solltest du dich zuerst kümmern? Welche wertlosen Aufgaben nehmen am meisten Zeit in Anspruch?

Schritt 5: Not-to-do-Liste erstellen!
- ✔ Wähle deine wichtigsten Not-to-dos aus und setze diese auf deine Liste!

Konzentriere dich am Anfang auf maximal drei schlechte Angewohnheiten, die du vermeiden möchtest. Im Wochenrhythmus kannst du deine Not-to-dos dann auswechseln und dir neue „Baustellen" vornehmen.

★ Beispiel

Deine Not-to-do-Liste ist ein individuelles Werkzeug, mit dessen Hilfe du schlechte Gewohnheiten sichtbar machen und dauerhaft ausschalten kannst. Dazu solltest du deine Liste regelmäßig überprüfen und aktualisieren. Schauen wir uns ein paar typische Not-to-dos an:

Beispiel 1 (Smartphone):

✔ Not-to-do: während der Arbeit oder einer Unterhaltung aufs Smartphone schauen!

Beispiel 2 (morgens aufstehen):

✔ Not-to-do: morgens beim Aufstehen die Snooze-Taste drücken!

Beispiel 3 (Internet):

✔ Not-to-do: beim Arbeiten zwischendurch im Internet surfen!

Beispiel 4 (Selbstsabotage):

✔ Not-to-do: sich einreden, man sei dumm und könne dieses und jenes ohnehin nicht schaffen!

Beispiel 5 (müde arbeiten):

✔ Not-to-do: müde arbeiten und warten, bis die Konzentration schwindet!

Beispiel 6 (durcharbeiten):

✔ Not-to-do: mehrere Stunden ohne Unterbrechung durcharbeiten, bis sich Fehler einschleichen!

Beispiel 7 (perfektionistisch sein):

✔ Not-to-do: zu perfektionistisch arbeiten und dabei den Bezug zu Kosten und Nutzen verlieren!

✏ Aufgabe

Erstelle eine Not-to-do-Liste und lege drei Handlungen fest, die du ab sofort nicht mehr tun wirst. Platziere deine Liste an einem gut sichtbaren Ort, damit du regelmäßig an deine Not-to-dos erinnert wirst!

#22 VIP-Liste

🚩 In einem Satz

Mithilfe deiner persönlichen VIP-Liste entscheidest du, mit welchen Menschen du Zeit verbringen möchtest – und mit welchen nicht.

🏆 So geht's

Grundsätzlich gibt es zwei Arten von Menschen in deinem Leben: Die einen sorgen dafür, dass ihr gemeinsam über euch hinauswachsen könnt und zusammen mehr auf die Reihe bekommt als jeder für sich alleine; die anderen zapfen dir Energie ab, nutzen dich aus und stehlen deine Zeit. Diese Menschen sind nicht nützlich oder hilfreich – sie sind lästig. Sie rauben deine Kraft und zerstören deine Motivation. Ganz langsam. Wie eine kleine Dosis Gift, die dir immer wieder verabreicht wird. Das Problem dabei ist, dass diese „giftigen" Menschen nicht einfach zu identifizieren sind. Sie sind Meister der Tarnung, schleichen sich in dein Leben und gehen meist nicht wieder weg, bis du sie vor die Tür setzt. Im Gegensatz dazu gibt es zum Glück Menschen, in deren Gegenwart du dich rundum wohl fühlst. Sie unterstützen dich, fördern deine persönliche Entwicklung und stärken dein Selbstvertrauen. Jeder Augenblick mit diesen Menschen ist wertvoll und macht dein Leben ein kleines bisschen besser.

Leider verbringen wir im Alltag tendenziell zu viel Zeit mit den Menschen der giftigen Kategorie. Aus Höflichkeit oder Unachtsamkeit lassen wir sie in unser Leben und schenken ihnen große Teile unserer kostbaren Zeit – nur, um uns am Ende schlechter zu fühlen und keine Ressourcen mehr für unsere Lieblingsmenschen übrig zu haben. Doch genau diesem Ungleichgewicht musst du entgegenwirken, wenn du ein ganzheitliches Zeitmanagement etablieren möchtest, das dich nicht nur erfolgreicher, sondern auch glücklicher macht. Das Konzept der VIP-Liste kann dir dabei helfen. Stell dir dein Leben als einen exklusiven Nachtclub vor. Jeder will hinein – gute Menschen, unbekannte Menschen und giftige Menschen – doch es gibt nicht ausreichend Platz für alle. Das heißt: Es muss gefiltert werden. Daher erhalten die Türsteher die Anweisung, nur noch diejenigen Besucher hereinzulassen, die erwünscht sind und auf der Gästeliste stehen. Diese ist deine persönliche VIP-Liste. Sie ist eine Schutzvorrichtung gegen unerwünschte Zeitdiebe, die sich in dein Leben drängen wollen, obwohl sie gar keinen Platz verdient haben: die nervige Kollegin, der unlustige Onkel, die aufdringlichen Nachbarn, der seltsame Freund eines Freundes – alles ungebetene Gäste. Auf deiner VIP-Liste stehen hingegen nur Menschen, die dir guttun: dein Partner, enge Familienmitglieder, beste Freunde, die Lieblingskollegin. Diese Menschen kommen an den Türstehern vorbei; sie erhalten sogar ein goldenes VIP-Armbändchen, damit sie jederzeit wieder hereinkommen können.

Die meisten Menschen treffen diese Vorauswahl nicht. Sie lassen alle Besucher ungefiltert in ihr Leben und kümmern sich um jeden einzelnen, weil sie gute Gastgeber sein wollen. Sie hinterfragen die Beziehung zu ihren Mitmenschen nicht, sondern nehmen jede Zweckgemeinschaft als gegeben und unveränderlich hin. Doch das Gegenteil sollte der Fall sein: Du allein entscheidest, mit wem du deine freie Zeit verbringst. Selbst im familiären oder beruflichen Umfeld hast du Einflussmöglichkeiten. Erstelle daher eine persönliche VIP-Liste und lege fest, mit welchen Menschen du mehr Zeit verbringen möchtest. Du kannst auch andersherum vorgehen und eine schwarze Liste anlegen, auf welcher alle Menschen stehen, die dir nicht guttun. Hierauf sammelst du alle Personen, die dir regelmäßig schlechte Stimmung bereiten oder deine Zeit und Energie verschwenden. Diese Menschen kannst du dann einfacher meiden und lässt dich weniger häufig von Ihnen überrumpeln. Mach dir bewusst, dass deine Zeit begrenzt ist und frage dich, ob du deine kostbaren Stunden wirklich mit Menschen verbringen möchtest, die dich nicht glücklich machen.

✿ Anleitung

Die VIP-Liste ist ein nützliches Werkzeug, um deine zwischenmenschlichen Beziehungen zu überprüfen, wichtige von unwichtigen Menschen zu unterscheiden und dein Zeitmanagement entsprechend auszurichten. Die folgenden Zielfragen können dir dabei helfen:

- ✔ Welche Menschen tun dir gut?
- ✔ Mit welchen Menschen verbringst du gerne Zeit?
- ✔ Mit welchen Menschen würdest du gerne mehr Zeit verbringen?
- ✔ Welche Menschen vermisst du häufig?
- ✔ Welchen Menschen vertraust du?
- ✔ Bei welchen Menschen musst du dich nicht verstellen?
- ✔ Mit welchen Menschen kannst du zusammen lachen?
- ✔ Mit welchen Menschen kannst du zusammen weinen?
- ✔ Welche Menschen geben dir das Gefühl, wertvoll zu sein?
- ✔ Wenn du auf einer einsamen Insel stranden würdest: Welche Menschen hättest du gerne dabei?
- ✔ Wenn du nur noch eine Woche/einen Tag/eine Stunde zu leben hättest: Mit welchen Menschen würdest du die Zeit verbringen?

Deine VIP-Liste kann sich je nach deiner aktuellen Situation verändern und sollte daher regelmäßig überprüft werden. Wichtig ist am Anfang nur, dass du überhaupt nach diesem Konzept arbeitest und deine Zeit nicht für jeden x-beliebigen Menschen einsetzt.

★ Beispiel

Die Auswahl deiner VIP-Listenplätze kann dir niemand abnehmen. Du allein entscheidest, welche Menschen du gerne in deinem Leben hast und welchen Zeitgenossen du lieber aus dem Weg gehen solltest. Für deinen Einstieg in diese Methode schauen wir uns noch ein paar Best-Practice-Beispiele an:

Beispiel 1 (Bestandsaufnahme):

✔ Sieh deinen Kalender, dein E-Mail-Programm und deine Chat-Apps durch und erstelle eine Liste mit allen Menschen, mit denen du innerhalb der letzten 12 Monate mehr als eine Stunde Zeit verbracht hast. Ordne diese Auswahl nach Kontaktzeit und beginne mit den Menschen, mit denen du am meisten Zeit verbracht hast.

Beispiel 2 (Bewertung):

✔ Die Gesamtmenge aus dem vorherigen Arbeitsschritt kannst du nun analysieren und in verschiedene Kategorien aufteilen. Bewerte dazu die Beziehung zu jeder Person auf einer Skala von 1 (giftiger Mensch) bis 5 (Lieblingsmensch).

Beispiel 3 (Beziehungsziele):

✔ Basierend auf der zeitlichen Verteilung und deinem persönlichen Beziehungsranking triffst du nun eine Entscheidung: Möchte ich mit diesem Menschen mehr Zeit, weniger Zeit oder gar keine Zeit mehr verbringen? Halte deine Antwort schriftlich fest und leite daraus ein verbindliches Ziel ab.

Beispiel 4 (Überprüfung):

✔ Führe diesen Prozess regelmäßig durch und überprüfe sowohl die zeitliche Verteilung als auch das Beziehungsranking. Menschen verändern sich – und mit ihnen häufig auch die Beziehungen zueinander. Es ist wichtig, dass du darauf reagierst und deine Zeitinvestition entsprechend anpasst.

✎ **Aufgabe**

Erstelle deine persönliche VIP-Liste und bestimme damit die Menschen, mit denen du deine Zeit verbringen möchtest!

#23 Journaling

▉ In einem Satz

Mit der Journaling-Methode dokumentierst du deinen täglichen Fortschritt und planst deine Aufgaben für den nächsten Tag.

♛ So geht's

Journaling ist mit dem Führen eines Tagebuchs vergleichbar, geht aber über den klassischen Ansatz hinaus. Während du beim altmodischen Tagebuchschreiben einfach nur deine Gedanken zusammenfasst, bis du eine Ansammlung wilder Gefühle und Erlebnisse vor dir hast, schreibst du bei der modernen Tagebuch-Methode zielgerichteter und gibst deinen Gedanken Struktur. Dadurch kannst du bewusst Schwerpunkte setzen, bessere Lerneffekte erzielen und negative Stimmungen loswerden. Viele berühmte Persönlichkeiten nutzen diese Methode, um sich selbst zu coachen und weiterzuentwickeln (Bill Gates, Barack Obama, Joanne K. Rowling und viele mehr). Für dein Zeitmanagement ist die Journaling-Methode ebenfalls hilfreich, weil sie dich bei der Umsetzung produktiver Gewohnheiten unterstützt. Um genau zu sein, kannst du mit deinem Tagebucheintrag gleich zwei Fliegen mit einer Klappe schlagen:

- ✔ Den vergangenen Tag analysieren und daraus lernen.
- ✔ Diese Erkenntnisse direkt in der Planung für den nächsten Tag berücksichtigen.

Diese Grundsatzfragen solltest du dir dabei stellen:

- ✔ Was lief heute nicht so gut?
- ✔ Wie kann ich mich verbessern?
- ✔ Was lief heute besonders gut?
- ✔ Wie kann ich morgen noch besser werden?

Auf diese Weise bekommst du ein Gespür für deine tägliche Entwicklung und wirst zu deinem eigenen Kontrolleur. Wenn du regelmäßig aufschreibst, wie du deine Zeit verbringst, wirst du schnell feststellen, in welchen Bereichen du dich verbessern kannst, ohne dass du durch eine schmerzhafte Rückmeldung von außen darauf hingewiesen wirst. Das bedeutet nicht, dass du deine komplette Freizeit durchtakten und mit Arbeit verplanen musst. Du sollst nur ein Gefühl dafür bekommen, ob du deine Zeit gerade für Dinge einsetzt, die dich deinen Zielen näherbringen.

Dein Tagebuch erfüllt allerdings noch einen anderen – vielleicht sogar wichtigeren – Zweck: Es hilft dir dabei, deine Gedanken zu sortieren und deinen Fokus bewusst zu steuern. Viele Menschen sind mit ihrem Leben unzufrieden und besonders empfänglich für negative Gefühle – und das, obwohl es ihnen eigentlich sehr gut geht. Das Problem dabei ist oft eine unglückliche selektive Wahrnehmung: Wir übersehen die schönen Dinge und bewerten negative Kleinigkeiten zu hoch oder sind viel zu streng mit uns selbst. Dadurch werden wir unzufrieden, unglücklich und unmotiviert.

Dein Tagebuch kann dir an dieser Stelle helfen und mit vorgefertigten Fragen (dazu kommen wir gleich) entgegenwirken. Du kannst ganz einfach bei deiner Tagesanalyse dafür sorgen, dass du nicht in negative Gedankenmuster zurückfällst, sondern positive Kraft aus dem vergangenen Tag ziehst. Dein Tagebuch verwandelt deine Unzufriedenheit dadurch in Dankbarkeit.

Mit dieser Tagebuch-Methode kannst du eine positive Grundstimmung erzeugen, produktive Verhaltensmuster lernen und neuen Schwung in dein Leben bringen. Du kannst Journaling auf alle Bereiche deines Lebens anwenden und dich damit selbstständig weiterentwickeln – im Beruflichen, wie im Privaten. Es gibt kein Richtig oder Falsch. Hauptsache, dein tägliches Journaling macht dich stärker und glücklicher.

✿ Anleitung

Grundsätzlich gibt es bei der Journaling-Methode keine festen Vorgaben oder starre Muster. Zur Orientierung kannst du dich an die beiden Grundprinzipien „Kritische Analyse des vergangenen Tages" und „Motivation für den neuen Tag" halten und die folgende Drei-Schritte-Anleitung anwenden:

Schritt 1: Tageszusammenfassung (Schreibe auf, was passiert ist!)

- ✔ Wie war mein Tag?
- ✔ Was ist heute Wichtiges passiert?
- ✔ Warum war es wichtig?

Schritt 2: Lerneffekt (Analysiere deinen Tag!)

- ✔ Was lief heute nicht optimal und warum?
- ✔ Wie kann ich das ausbügeln?
- ✔ Was kann ich in Zukunft besser machen?

Schritt 3: Motivation (Lege deinen Fokus auf die positiven Dinge!)

- ✔ Was lief heute richtig gut?
- ✔ Was möchte ich morgen erreichen?
- ✔ Für welche drei Dinge bin ich heute dankbar?

Du kannst dieses Vorgehen am Anfang so übernehmen und ausprobieren, wie du damit zurechtkommst. Im Zweifel passt du die Struktur oder die Leitfragen an deine individuellen Bedürfnisse an. Nimm dir einfach ein leeres Blatt Papier oder besorge dir einen hübschen Terminkalender und starte drauf los.

Wenn du keine Zeit hast oder skeptisch bist, überspringe Schritt 1 und beantworte nur die Fragen aus Schritt 2 und 3. Es dauert nur fünf Minuten, wird dir aber viel Energie bringen und Zeit sparen.

★ Beispiel

Beim Journaling ist es wichtig, dass du einem bestimmten Ziel folgst und dich an eine feste Struktur hältst. Ansonsten gestaltet sich dein Tagebuchschreiben ungeordnet und ineffizient. Die folgenden Beispiele helfen dir beim Einstieg in diese Methode.

Beispiel 1 (zu festen Zeiten schreiben):

✔ Nimm dir vor, dein Journal zu einer festen Uhrzeit zu schreiben. Auf diese Weise machst du das Tagebuchschreiben zu einem festen Ritual in deinem Leben. Welche Uhrzeit du dazu auswählst, spielt erstmal keine Rolle. Üblicherweise findet das Journaling allerdings morgens oder abends statt.

Beispiel 2 (behalte dein Tagebuch für dich):

✔ Wenn du das Journaling richtig betreibst, ist dein Tagebuch eine sehr persönliche Angelegenheit: Deine intimsten Ideen und Gedankengänge finden in deinen Aufzeichnungen Platz. Daher solltest du dein Tagebuch nur für dich schreiben und deine Notizen keiner anderen Person zeigen.

Beispiel 3 (regelmäßige Rückschau):

✔ Blättere dein Journal von Zeit zu Zeit durch und sieh dir an, was du vor einigen Wochen, Monaten oder Jahren geschrieben hast. Dadurch wirst du feststellen, wie sich deine Persönlichkeit entwickelt und inwieweit sich deine Sicht auf Probleme oder bestimmte Situationen verändert hat.

✎ Aufgabe

Wende die Journaling-Methode an und schreibe einen ersten Tagebucheintrag!

#24 Non-Zero Days

◪ In einem Satz

Ein Non-Zero Day ist ein Tag, an dem du nicht nichts machst – also ein Tag, an dem du wenigstens ein kleines bisschen für eines deiner Ziele arbeitest und damit eine produktive Gewohnheit verstärkst.

🏆 So geht's

Alle großen Lebensziele haben eines gemeinsam: Sie lassen sich nicht im Vorbeigehen erreichen. Von heute auf morgen ist noch niemand zum Millionär geworden, hat seinen Traumkörper bekommen oder die Welt gerettet. Egal, auf welches Projekt du dich im Moment am meisten konzentrierst: Erfolg im Leben ist kein Sprint. Es ist vielmehr ein Marathon – und einen erfolgreichen Marathon schüttelt man nicht einfach so aus dem Ärmel. Einen Marathon gewinnt man durch viele kleine, kontinuierliche Schritte. Kleine Aktionen, die zusammen eine mächtige Wirkung entfalten und besser funktionieren als jeder Zwischensprint. Das Konzept der Non-Zero Days kann dir genau dabei helfen und liefert die perfekte Basis, um nützliche Verhaltensmuster in deinem Alltag zu etablieren.

Non-Zero Days sind ein relativ neues Konzept aus der Produktivitätsforschung und in Deutschland bisher kaum bekannt. Non-Zero Days sind Tage, an denen du wenigstens ein klitzekleines bisschen für dein Ziel arbeitest. Es muss nicht viel sein, aber mehr als nichts – mehr als Null (daher der Name). Dadurch, dass du Non-Zero Days in deinen Alltag integrierst, ist es einfacher für dich, erfolgreiche Gewohnheiten aufzubauen und ein kraftvolles Momentum aufrecht zu erhalten. Tage, an denen du vollständig faulenzt und deine Zeit komplett mit Nebensächlichkeiten verbringst, gehören damit der Vergangenheit an. Gleichzeitig musst du dich aber nicht durchgehend auspowern, denn kleine Aktionen reichen schon aus, um deine Non-Zero-Mission am Laufen zu halten. Damit sind Non-Zero Days perfekt für Menschen, die hohe Ziele verfolgen, gleichzeitig aber ein großes Bedürfnis nach Freizeit haben. Du musst unterm Strich nicht viel mehr arbeiten, bekommst aber einen deutlich höheren Ertrag, da sich deine Non-Zero-Einheiten über die Zeit summieren. Die Erfolgsformel lautet also:

✔ Arbeite nur ein kleines bisschen – dafür aber jeden Tag.

Mit diesem Leitsatz wirst du deine Arbeitsweise revolutionieren. Wenn du nur jeden Tag ein paar Minuten deiner Zeit investierst, wirst du um ein Vielfaches erfolgreicher, glücklicher und stressfreier sein als je zuvor. Außerdem behältst du deine Ziele jeden Tag im Auge und machst dir bewusst, warum du tust, was du tust. Dadurch wächst deine Motivation automatisch und du gehst deine Aufgaben zielstrebiger an.

Am besten funktionieren diese Mini-Gewohnheiten übrigens, wenn du sie an andere Routineaufgaben koppelst („Nach dem Zähneputzen lese ich fünf Minuten in einem Buch!") oder morgens als allererstes erledigst („Direkt nach dem Aufstehen gehe ich joggen!"). Dadurch verankern sie sich fest in deinem Tagesrhythmus und laufen bald ganz von allein ab, ohne dass du etwas dafür tun musst. Mit Non-Zero Days erledigst du Schritt für Schritt Aufgaben – und gewinnst so jeden Marathon in deinem Leben.

Gleichzeitig kommst du auf diese Weise entspannter ins Ziel. Alles, was du dazu brauchst, ist ein bisschen Planung und Durchhaltevermögen. Nimm dir deine Projekte nacheinander vor und lege Non-Zero Days für eine bis maximal drei unterschiedliche Aktivitäten fest. Sonst überlastest du dich direkt wieder und ziehst keine Vorteile aus dieser Methode. Arbeite einfach nur ein kleines bisschen an einer Sache – dafür aber jeden Tag.

✿ Anleitung

Non-Zero Days kannst du beliebig häufig einsetzen und für Ziele aus all deinen Lebensbereichen anwenden, die du in kleine Zwischenschritte unterteilen kannst. Auch bei komplexen Aufgaben kann der Einsatz von Non-Zero Days sinnvoll sein, weil du damit produktive Gewohnheiten aufbaust, die dir langfristig zugutekommen. Halte dich bei der Umsetzung an diese fünf Schritte:

Schritt 1: Leg ein Ziel fest!

✔ Was möchtest du erreichen?

Schritt 2: Bestimme eine Aufgabe, um dein Ziel zu erreichen!

✔ Was musst du dafür tun? Welche Schritte sind erforderlich?

Schritt 3: Nimm dir vor, jeden Tag für diese Aufgabe zu arbeiten!

✔ Warum machst du das? Was bringt es dir?

Schritt 4: Wähle eine feste, aber kurze tägliche Zeitspanne!

✔ Wie viel Zeit brauchst du mindestens?

Schritt 5: Reserviere dir jeden Tag ein kleines bisschen Zeit!

✔ Wann kannst du ein paar Minuten investieren?

Dein Plan ist also: Ziel festlegen, Aufgabe bestimmen, Motivation herausstellen, Zeitspanne wählen, Zeitpunkt festlegen – und los!

★ Beispiel

Damit Non-Zero Days ihre volle Wirkung entfalten, musst du sie gewissenhaft planen. Nur, wenn du deine Mini-Aktionen klug in deinen Alltag integrierst, wirst du sie dauerhaft umsetzen können. Achte besonders am Anfang darauf, dass du deinen Non-Zero-Plan einhältst.

So werden dir deine neuen Verhaltensmuster bereits nach kurzer Zeit in Fleisch und Blut übergehen. Dazu zwei Beispiele.

Beispiel 1 (lesen):

- ✔ Schritt 1: Ziel festlegen
  Ich möchte pro Woche/Monat ein Buch lesen.
- ✔ Schritt 2: Aufgabe bestimmen
  Ich lese jeden Tag mindestens ein Kapitel.
- ✔ Schritt 3: Motivation herausstellen
  Meine Allgemeinbildung wird besser. Es macht Spaß.
- ✔ Schritt 4: Zeitspanne wählen
  20 bis 30 Minuten pro Tag.
- ✔ Schritt 5: Zeitpunkt festlegen
  Jeden Abend vor dem Einschlafen.

Beispiel 2 (eine neue Software lernen):

- ✔ Schritt 1: Ziel festlegen
  Ich möchte perfekt mit der Software X umgehen können.
- ✔ Schritt 2: Aufgabe bestimmen
  Ich absolviere täglich neue Tutorials.
- ✔ Schritt 3: Motivation herausstellen
  Vorteile im Berufsleben.
- ✔ Schritt 4: Zeitspanne wählen
  10 bis 20 Minuten pro Tag.
- ✔ Schritt 5: Zeitpunkt festlegen
  Jeden Morgen um 6:30 Uhr.

✐ Aufgabe

Bestimme ein Ziel und lege eine passende Strategie mit der Non-Zero-Days-Methode fest, um sofort jeden Tag ein bisschen daran zu arbeiten!

Zusammenfassung

In der folgenden Übersicht findest du nochmal alle 24 Zeitmanagement-Methoden aus diesem Kapitel. Erinnerst du dich noch an alle Konzepte?

#1 Eat-the-frog-Methode: Bei der Eat-the-frog-Methode beginnst du jeden Tag mit deiner schwierigsten bzw. anspruchsvollsten Aufgabe, bevor du dich um andere Dinge kümmerst.

#2 Pareto-Effekt: Der Pareto-Effekt zeigt dir, welche 20 Prozent deiner Aufgaben für 80 Prozent deiner Ergebnisse verantwortlich sind.

#3 SMART-Formel: Mit der SMART-Formel kannst du eindeutige und motivierende Ziele formulieren.

#4 Fokus-Frage: Die Fokus-Frage lenkt deine volle Aufmerksamkeit auf eine einzige Sache und hilft dir dabei, klare Prioritäten zu setzen.

#5 Salami-Taktik: Bei der Salami-Taktik zerlegst du große Ziele und Aufgaben in kleine, überschaubare Teilschritte und arbeitest diese nacheinander ab.

#6 ABC-Analyse: Mithilfe der ABC-Analyse kannst du verschiedenen Aufgaben eine Priorität zuordnen und damit der Wichtigkeit nach sortieren.

#7 Eisenhower-Matrix: Mithilfe der Eisenhower-Matrix kannst du Aufgaben in Kategorien einteilen, zwischen wichtigen und dringenden Aktivitäten trennen und entscheiden, worum du dich zuerst kümmern solltest.

#8 ALPEN-Methode: Die ALPEN-Methode beschreibt ein fünfstufiges Konzept, mit dem du einen produktiven Tagesplan entwickeln kannst.

#9 Getting Things Done: Mithilfe der Getting-Things-Done-Methode organisierst du deinen Alltag in Listen und behältst so die Übersicht über alle bevorstehenden, relevanten Aufgaben.

#10 Leistungskurve: Leistungskurven beschreiben deinen Biorhythmus und zeigen dir, wann deine produktivsten Phasen am Tag sind.

#11 Planungsebenen: Mit dem Einsatz von Planungsebenen kannst du kurzfristige und langfristige Ziele planen und strukturiert umsetzen.

#12 Parkinson'sches Gesetz: Nach dem Parkinson'schen Gesetz dehnt sich Arbeit in genau dem Maß aus, wie Zeit für ihre Erledigung zur Verfügung steht – dies kannst du nutzen, um kluge Deadlines zu setzen.

#13 Time Boxing: Beim Time Boxing bestimmst du einen zeitlichen Rahmen für eine oder mehrere Aufgaben und arbeitest diese Zeitboxen konzentriert ab.

#14 Task Chunks: Task Chunks sind gebündelte Aufgaben und entstehen durch das Sortieren ähnlicher To-dos, die du in effizienten Blöcken erledigen kannst.

#15 Pomodoro-Technik: Bei der Pomodoro-Technik unterteilst du deine Aufgabe in Etappen und bearbeitest diese in kleinen, effizienten Zeitintervallen.

#16 Singletasking: Beim Singletasking bündelst du deine Konzentration auf eine einzige Aufgabe und führst nicht mehrere Tätigkeiten gleichzeitig aus.

#17 Zwei-Minuten-Regel: Die Zwei-Minuten-Regel besagt, dass alle Aufgaben, die weniger als zwei Minuten Bearbeitungszeit benötigen, sofort von dir erledigt und nicht erst geplant werden sollen.

#18 Speed Reading: Speed Reading beschreibt die Kombination verschiedener Lesetechniken, mit deren Hilfe du dein Lesetempo deutlich erhöhen kannst.

#19 Zeit-Balance-Modell: Das Zeit-Balance-Modell stellt alle relevanten Lebensbereiche heraus und hilft dir dabei, diese in einen harmonischen Einklang zu bringen.

#20 KonMari-Methode: Mithilfe der KonMari-Methode kannst du systematisch aufräumen und damit eine zeitsparende Ordnung herstellen.

#21 Not-to-do-Liste: Auf deiner Not-to-do-Liste sammelst du unnötige, unproduktive Gewohnheiten und erinnerst dich somit daran, diese Aktivitäten zu vermeiden.

#22 VIP-Liste: Mithilfe deiner persönlichen VIP-Liste entscheidest du, mit welchen Menschen du Zeit verbringen möchtest – und mit welchen nicht.

#23 Journaling: Mit der Journaling-Methode dokumentierst du deinen täglichen Fortschritt und planst deine Aufgaben für den nächsten Tag.

#24 Non-Zero Days: Ein Non-Zero Day ist ein Tag, an dem du nicht nichts machst – also ein Tag, an dem du wenigstens ein kleines bisschen für eines deiner Ziele arbeitest und damit eine produktive Gewohnheit verstärkst.

Trainingsplan

Damit du die 24 Zeitmanagement-Methoden einfacher ausprobieren und trainieren kannst, habe ich einen passenden Trainingsplan für dich aufgestellt. Nach nur 30 Tagen bist du fertig.

Tag 1:	Tag 2:	Tag 3:	Tag 4:	Tag 5:
Non-Zero Days	Parkinsonsches Gesetz	SMART-Formel	Single-tasking	Frei
Tag 6:	Tag 7:	Tag 8:	Tag 9:	Tag 10:
Eat-the-frog-Methode	Salami-Taktik	Leistungs-kurve	Speed Reading	Frei
Tag 11:	Tag 12:	Tag13:	Tag 14:	Tag 15:
Time Boxing	Journaling	ALPEN-Methode	Pareto-Effekt	Frei
Tag 16:	Tag 17:	Tag18:	Tag 19:	Tag 20:
Fokus-Frage	Planungs-ebenen	VIP-Liste	Zwei-Minuten-Regel	Frei
Tag 21:	Tag 22:	Tag 23:	Tag 24:	Tag 25:
Pomodoro-Technik	Task Chunks	ABC-Analyse	Getting Things Done	Frei
Tag 26:	Tag 27:	Tag 28:	Tag 29:	Tag 30:
Not-to-do-Liste	Eisenhower-Matrix	Zeit-Balance-Modell	KonMari-Methode	Frei
Auswertung				

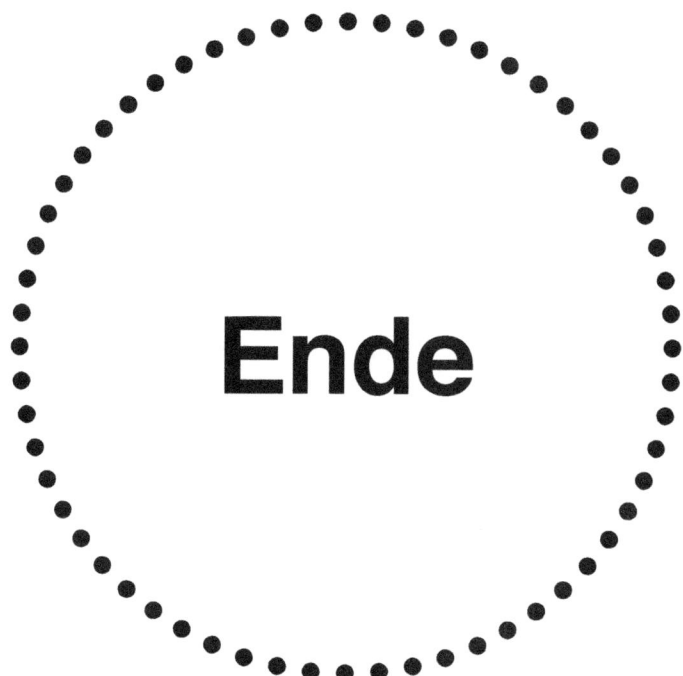

Ende

Infos zum Buch

24/7-Zeitmanagement ist kein normales Fachbuch, vollgestopft mit unverständlicher Theorie – es ist eine Sammlung praktischer Maßnahmen und Konzepte, mit denen du dein Zeitmanagement sofort und nachhaltig steigern kannst. Vor dir liegen 7 nachhaltige Prinzipien und 24 konkrete Methoden, mit denen du dein Leben umkrempeln und deine Zeit viel sinnvoller nutzen kannst als jemals zuvor. Dadurch steigerst du nicht nur deine Produktivität, sondern erhöhst zudem deine Zufriedenheit, verbesserst dein Glücksempfinden und erhältst deine Gesundheit.

Aber das ist noch nicht alles: Dieses Buch wurde von unserem kleinen Studienscheiss Verlag fair und hochwertig produziert. Wir arbeiten mit regionalen Designern, Lektoren und Druckereien zusammen und lassen unsere Bücher komplett in Deutschland herstellen. Alle an der Produktionskette beteiligten Partner werden von uns fair behandelt – und bezahlt. Allesamt kleine und mittelständische Unternehmen, die mit Herzblut bei der Sache sind und mit denen wir ein gemeinsames Ziel verfolgen: wunderschöne Produkte zu erzeugen, die unsere Leserinnen und Leser glücklich machen.

Deswegen gibt es unsere gedruckten Bücher nur in hochwertigen Formaten, mit modernem Buchsatz und recyceltem Papier. Für schmalere Budgets bieten wir unsere E Books für einen deutlich reduzierten Preis an. Unsere Bücher entstehen unter nachhaltigen Produktionsbedingungen, schonen die Umwelt und fördern die regionale Wirtschaft. Und genau das unterstützt du, weil du dir dieses Buch zugelegt hast.

High five dafür!

Literatur

Viele Konzepte, die in diesem Buch vorgestellt werden, stammen von großartigen Menschen, die viel Zeit und Mühe in deren Entwicklung gesteckt haben. Die wichtigsten Quellen werden im Folgenden aufgeführt. Für weitere Informationen zum Thema Zeitmanagement sind diese Bücher uneingeschränkt zu empfehlen.

30 Minuten Zeitmanagement von Lothar Seiwert, Gabal Verlag, 21. Auflage, 2015.

Atomic Habits von James Clear, Avery Verlag, 1. Auflage, 2018.

Arbeite klüger – nicht härter von Ivan Blatter, Humboldt Verlag, 1. Auflage, 2017.

Das Hindernis ist der Weg von Ryan Holiday, Herder Verlag, 1. Auflage, 2017.

Das Robbins Power Prinzip von Anthony Robbins, Ullstein Verlag, 1. Auflage, 2004.

Die 4-Stunden-Woche: Mehr Zeit, mehr Geld, mehr Leben von Timothy Ferriss, Ullstein Taschenbuchverlag, 1. Auflage, 2015.

Die 7 Wege zur Effektivität von Stephen R. Covey, Gabal Verlag, 29. Auflage, 2014.

Die Kunst des guten Lebens von Rolf Dobelli, Piper Verlag, 1. Auflage, 2017.

Die Macht der Gewohnheit von Charles Duhigg, Piper Verlag, 1. Auflage, 2014.

Eat the frog von Brian Tracy, Gabal Verlag, 4. Auflage, 2004.

Habit Stacking von Steve J. Scott, Oldtown Publishing, 1. Auflage, 2017.

Konzentration von Marco v. Münchhausen, Gabal Verlag, 3. Auflage, 2016.

Konzentriert arbeiten von Cal Newport, Redline Verlag, 2. Auflage, 2018.

Magic Cleaning: Wie richtiges Aufräumen Ihr Leben verändert von Marie Kondo, Rowohlt Taschenbuch Verlag, 35. Auflage, 2018.

Miracle Morning – Die Stunde, die alles verändert von Hal Elrod, Irisiana Verlag, 1. Auflage, 2016.

Perfekt! Der überlegene Weg zum Erfolg von Robert Greene, Hanser Verlag, 1. Auflage, 2013.

Schneller lesen – besser verstehen von Wolfgang Schmitz, Rowohlt Taschenbuch Verlag, 4. Auflage, 2016.

Selbstmanagement von Klaus Bischof, Anita Bischof und Horst Müller, Haufe Verlag, 4. Auflage, 2015.

Selbstmotivation: Wie Sie dauerhaft leistungsfähig bleiben von Reinhold Stritzelberger, Haufe Verlag, 2. Auflage, 2015.

Setze dir größere Ziele von Rainer Zitelmann, Redline Verlag, 1. Auflage, 2014.

Simplify your life von Werner Tiki Küstenmacher und Lothar Seiwert, Campus Verlag, 15. Auflage, 2006.

So zähmen Sie Ihren inneren Schweinehund von Marco v. Münchhausen, Campus Verlag, 6. Auflage, 2005.

Speed Reading: Schneller lesen – mehr verstehen – besser behalten von Tony Buzan, mvg Verlag, 1. Auflage, 2013.

The One Thing von Gary Keller und Jay Papasan, Redline Verlag, 4. Auflage, 2019.

Tools der Titanen von Timothy Ferriss, FinanzBuch Verlag, 1. Auflage, 2017.

Wenn du es eilig hast, gehe langsam von Lothar Seiwert, Campus Verlag, 17. Auflage, 2018.

Wie ich die Dinge geregelt kriege von David Allen, Piper Verlag, 3. Auflage, 2016.

Zeit zu leben: So bekommen Sie Ihr Leben in Balance von Lothar Seiwert, Gabal Verlag, 1. Auflage, 2015.

Zeitmanagement von Jörg Knoblauch, Holger Wöltje, Marcus B. Hausner, Martin Kimmich und Siegfried Lachmann, Haufe Verlag, 3. Auflage, 2015.

Ziele: Setzen. Verfolgen. Erreichen. von Brian Tracy und Petra Pyka, Campus Verlag, 2. Auflage, 2018.

Über den Autor

Dr. Tim Reichel, Jahrgang 1988, ist Autor, Wissenschaftler und Unternehmer. Nach dem Abitur studierte er Wirtschaftsingenieurwesen an der RWTH Aachen und ist anschließend zur Promotion an der Uni geblieben. Dort betreut er seitdem industrienahe Forschungsprojekte und beschäftigt sich mit den Themen Nachhaltigkeit und Ressourceneffizienz. Seit acht Jahren arbeitet er als Fachstudienberater und Koordinator eines Prüfungsausschusses. Dabei coacht er Studenten, berät bei Schwierigkeiten im Studium, schreibt Prüfungsordnungen und begleitet zudem Akkreditierungsverfahren.

Im Juni 2014 gründete Tim sein erstes Unternehmen: *Studienscheiss*. Mit dieser Plattform hilft er deutschlandweit tausenden Studierenden und Bildungsinteressierten dabei, glücklich und erfolgreich zu studieren, um in der späteren Berufswelt richtig gut zurechtzukommen. Über die Jahre wuchs und veränderte sich *studienscheiss.de* stetig. Im Jahr 2016 wurde aus dem Start-up ein unabhängiger, kleiner Verlag. In seinem Blog veröffentlicht Tim regelmäßig Artikel zu den Themen Zeitmanagement, Motivation und Persönlichkeitsentwicklung. Dort gibt er auch Tipps, wie man den stressigen Alltag in den Griff bekommen, fokussiert arbeiten und sein Leben proaktiv gestalten kann.

Das ist Tim

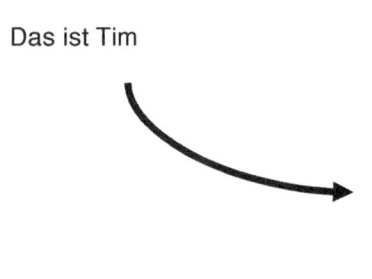

Dankeschön

Ich danke allen Leserinnen und Lesern meines Studienscheiss-Blogs. Ohne euch und eure riesige Unterstützung gäbe es meinen Blog und dieses Buch nicht. Ihr seid die beste Community, die es im deutschsprachigen Raum gibt und ich liebe es, für euch zu schreiben. Danke, dass ihr mich motiviert, kritisiert und immer wieder hinter mir steht. Danke, dass ihr da seid.

Alleine hätte ich dieses Buch niemals schreiben können. Na gut, vielleicht schon – aber dann wäre es auf keinen Fall so gut geworden. Deswegen danke ich den Menschen, die mir dabei geholfen haben. Mein besonderer Dank gilt Melanie Schwarz für die Konzipierung, Gestaltung und Umsetzung des überragenden Umschlag- und Cover-Designs. Priya Linke danke ich für das schnelle sowie sehr gute Lektorat und die großartige Vertonung des Hörbuchs. Bei Sara Dörwald bedanke ich mich für die umfangreichen Recherchearbeiten, das unzählige Gegenlesen und die kritischen Korrekturen – auch nachts um halb eins. Für das finale Korrekturlesen und die aufmerksame Prüfung des Satzes danke ich Diana Steinborn. Bei Sajoscha Blinn bedanke ich mich nicht nur für das hübsche Foto auf der vorherigen Seite, sondern auch ganz besonders für die klugen Anmerkungen und motivierenden Gespräche während der gesamten Entstehungsphase dieses Buches.

Vielen Dank, dass ihr mich ertragen und in jeder schwierigen Situation unterstützt habt. Auch dann, wenn ich nervig und zickig war oder mich einfach blöd angestellt habe. Eure Verlässlichkeit, eure Geduld und euer Einsatz sind unglaublich wertvoll und alles andere als selbstverständlich. Ich weiß das wirklich zu schätzen – und danke euch allen von Herzen.

Tim Reichel, Oktober 2022

Hol dir hier das Bonusmaterial ab:

www.studienscheiss.de/24-7-geschenk